作〇〇〇〇〇〇〇〇〇〇のパワーをさらに発揮させよう！

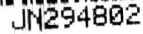

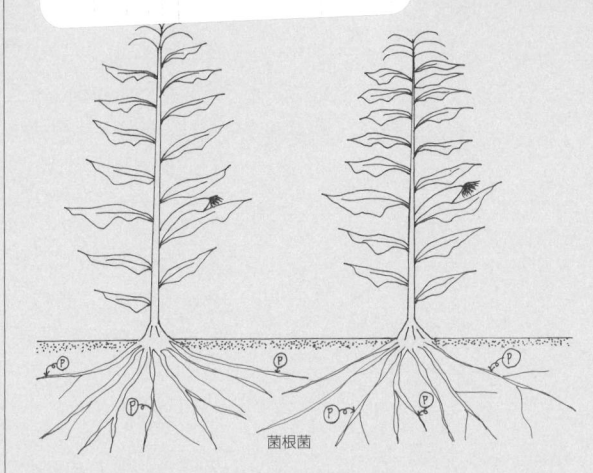

【トウモロコシ】

・暖地型の長大作物で、草丈は3m弱、生収量で6tを確保。
・大きな穂が特色で、黄熟期前のすき込みが多収のポイント。
・太く深い立派な支根で、根が土を耕す。
・菌根菌がリン酸の有効利用を！
・炭素率が高い有機物で、腐植を増やす。
・除草剤による雑草対策と栽培管理が容易。

10a当たり播種量：7000粒

菌根菌

【ソルゴー】

・トウモロコシより高温を要求、病害・倒伏と、旱魃にも強い。
・豊富な茎葉と分げつで生収量10tを確保。
・刈り取り後の再生利用が可能。
・豊富な品種で利用法も多岐にわたる。
・線虫対策で減農薬栽培が可能。

10a当たり播種量：3〜5kg
条播、または散播

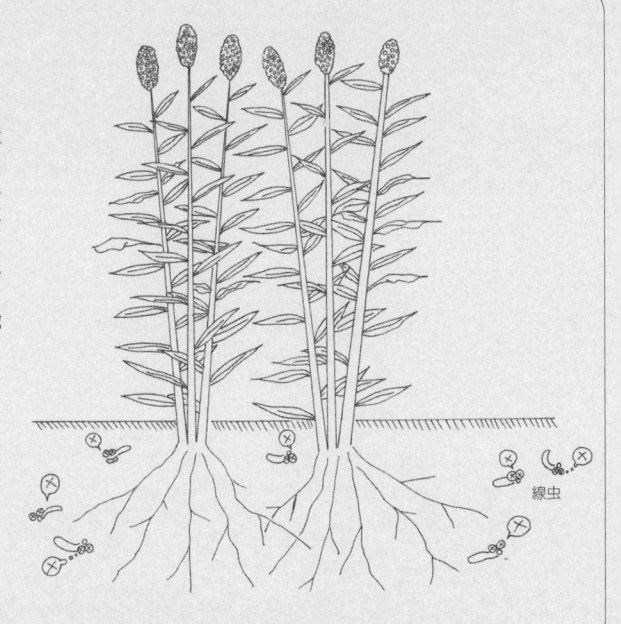

線虫

イラスト：橋爪陽子

緑肥作物
とことん活用読本

橋爪 健 著

農文協

はじめに

筆者が北海道から千葉の研究農場に転勤して、北海道と府県では緑肥の問題点と需要がこんなに違うのかと驚きました。北海道ではコムギの後作に緑肥作物が入る期間と圃場があり、行政もクリーン農業を勧め、緑肥作物の面積は平成13年には5万haにも普及しました。土づくりも進み、効果も出てきています。畑作物の多くは販売価格が決まっているため、緑肥の目的も線虫駆除による減収回避やコムギ後作緑肥による地力増進と収量アップです。これに対し都府県の緑肥の普及はこれからで、「緑肥へイオーツ」やソルゴー、クロタラリアを主体に園芸農家の方々に普及していますが、有機栽培を除いて、農薬も併用されている場合がほとんどです。これからの問題は線虫や土壌病害対策・連作障害の回避と、粗大有機物すき込みによる土づくりが求められる園芸農家とコスト低減と多収を求められる稲作にあると考え、本書はこの点を主体にまとめました。

筆者がこちらに来てから、土壌病害と有害線虫を駆除する薫蒸作物チャガラシ「辛神（からじん）」が農林水産省の委託研究で開発されました。次いで農水省の委託プロの課題でリン酸減肥できる緑肥作物を探し、水稲の裏作ヘアリーベッチ栽培跡地では無肥料栽

培でも化成肥料区と大差がない精玄米収量を得られることがわかりました（2013年終了）。

さらに長崎県では梅雨時のジャガイモ畑での土壌浸食が激しく、緑肥ヘイオーツやミレットがカバークロップとして最適であることを明らかにしています。また、府県の最重要有害線虫サツマイモネコブセンチュウの対抗エンバクの「スナイパー（A19）」が九州沖縄農研センターとの共同研究で開発されています。

農水省でも持続的農業を推進しており、減農薬技術としてIPM（総合的病害虫管理）に取り組まれ、これらの一助として、ヘアリーベッチによる減肥技術、薫蒸作物による土壌病害の抑制、線虫対抗作物などの機能的な緑肥作物がさらに貢献できると考えています。本書では、こうした緑肥作物を活用した持続的農業の実際について、ここ10年に主として府県で開発された商品や技術を主体にご紹介したいと思います。

2014年6月

橋爪　健

緑肥作物 とことん活用読本

目次

はじめに …… 1

Part 1 入門編

緑肥の魅力、活用法

1 粗大有機物・根圏パワーとその魅力

- Q1 地力増進と維持になぜ緑肥作物がそんなによいのですか？ 堆厩肥との違いはどこですか？ …… 10
- Q2 土づくりについて教えてください …… 12
- Q3 畑が緻密なせいで作物の生育が悪く、困っています。緑肥作物はこの対策に有効ですか？ …… 14
- Q4 転換畑で土壌の排水性が悪いのですが、これも緑肥作物で改良できますか？ …… 18
- コラム1● 持続的農業と緑肥作物 …… 17

2 緑肥作物の肥効と減肥効果

- Q5 肥料の効果が今一つの気がする一方で、連作で肥料のやりすぎが心配です。緑肥を活かせませんか？ …… 20
- Q6 化成肥料と緑肥作物によるチッソの肥効はどのように違うのですか？ …… 22
- Q7 緑肥作物の分解と肥効について教えてください。 …… 24
- Q8 炭素率とは何ですか？ …… 26
- Q9 府県ではどのようにして、緑肥作物で減肥を行なうか、具体的な例があれば教えてください …… 28
- Q10 緑肥でリン酸とカリの減肥はできないのですか？ …… 30
- 肥料の多投で硝酸態チッソによる地下水汚染が心配です。よい対策はありませんか？

3　目次

3 有害線虫を抑える！

Q11 線虫とは何ですか？ 緑肥作物で被害を抑えられる線虫には何がありますか？ …… 32

Q12 なぜ線虫対抗作物が線虫を減らすのですか？ …… 34

Q13 線虫の被害だと思われますが、どの緑肥作物を使えばよいかわからないのですが？ …… 36

Q14 センチュウの対抗作物を教えてください …… 38

Q15 短期の休閑や後作利用ができるキタネグサレセンチュウなどの線虫対抗作物について教えてください …… 40

Q16 積雪地帯で使えるキタネグサレセンチュウ対抗作物について教えてください …… 42

Q17 府県で休閑利用ができるキタネグサレセンチュウ対抗作物について教えてください …… 44

Q18 サツマイモネコブセンチュウ対抗作物について教えてください …… 46

Q19 サツマイモネコブセンチュウの早掘り後や露地のウリ類のサツマイモネコブセンチュウに有効な対抗作物について教えてください …… 48

Q20 ダイズシストセンチュウの被害と対抗作物について教えてください …… 50

Q21 ミナミネグサレセンチュウの対抗作物があれば教えてください …… 52

4 土壌病害を減らす！

Q22 線虫対抗作物の栽培ポイントは何ですか？ …… 54

Q23 ダイコンのキスジノミハムシ対策にもエンバク野生種が有効と聞きましたが…… 57

Q24 なぜ緑肥は土壌病害を減らすことができるのですか？ …… 58

Q25 緑肥作物で殺菌作用のあるものはありませんか？ …… 60

Q26 アズキ落葉病に困っています。緑肥作物で防除できないでしょうか？ …… 62

Q27 北海道でジャガイモそうか病が発生して困っています。テンサイ根腐病を抑える緑肥作物はありませんか？ …… 64

Q28 ダイコンバーティシリウム黒点病とキャベツバーティシリウム病に効果がある緑肥作物はありますか？ …… 66

Q30 アブラナ科の根こぶ病が出ています。緑肥作物で減らせないでしょうか？ …… 68

Q31 ホウレンソウ萎凋病に困っています。緑肥作物で減らせないでしょうか？ …… 70

Q32 ハウスでトマト青枯病に困っています。緑肥作物で減らせないでしょうか？ …… 72

…… 75

5 景観維持・農薬飛散防止・防風防虫・バンカープランツほか

Q33 薫蒸作物で線虫は減らないのですか？ …… 76

Q34 薫蒸作物を効果的にすき込むには、どのような点に注意したらよいですか？ …… 78

Q35 遊休地、耕作放棄地が増えています。また畦畔管理の手間も大変です。これらに役立つ緑肥作物は何ですか？ …… 80

Q36 緑肥作物で天敵を増殖、定着させて、防除に役立てている人がいると聞きましたが…… …… 82

Part 2 入門編

緑肥作物の種類と特性

Q42 どのような作物が緑肥作物になりますか？ …… 96

Q43 トウモロコシやソルゴーの最適な使い道と利点は何ですか？ …… 98

Q44 ムギ類やイタリアンライグラスの最適な使い道と利点は何ですか？ …… 100

Q37 緑肥作物で農薬飛散もある程度防げると聞きましたが…… …… 84

Q38 果樹園の省力的な雑草管理に役立つ緑肥作物はありますか？ …… 86

Q39 長崎県でジャガイモをつくっています。梅雨時の大雨で表土が流されて大変です。これに効果的な緑肥作物は何ですか？ …… 88

Q40 クリーニングクロップについて教えてください？ …… 90

Q41 緑肥作物導入による収量の改善効果はどの程度ですか？具体的な事例があったら教えてください …… 92

Q45 マメ科緑肥の役割と利点は何ですか？ …… 102

Q46 暖地型のマメ科緑肥、クロタラリアが線虫を抑えると聞いたのですが？ …… 104

コラム2●透水性改善・耕盤破砕にセスバニアかトウモロコシ… 105

Q47 チャガラシの栽培方法とすき込み方法を教えてください …… 106

5　目次

Part 3 使いこなし編
対象作物別緑肥の選び方と活用のポイント

1 畑作物

Q49 北海道のジャガイモ、マメ類、根もの野菜の線虫害を何とかしたいのですが…… ……112

Q50 緑肥用エンバクを使っていますが、効果が今一つです。なぜなのでしょう？ ……114

コラム4●緑肥ヘイオーツが線虫を減らすわけ ……116

Q51 テンサイに最適な緑肥作物は何ですか？ ……117

Q52 ジャガイモに最適な緑肥作物は何ですか？ ……118

Q53 マメ類に最適な緑肥作物は何ですか？ ……120

Q54 コムギに最適な緑肥作物は何ですか？ ……122

コラム5●ゼオライトと緑肥作物で飽和度が低下 ……123

Q55 では北海道の畑作では、どのような輪作体系がよいのですか？ ……124

Q56 府県の場合、緑肥を組み入れた輪作体系は可能でしょうか？ ……126

Q57 笠岡干拓地はセスバニアの土壌改良によりできたと伺ったのですが？ ……128

2 イネ、転作ダイズ

Q58 アレロパシーとは？　それを活かした緑肥の活用法について教えてください ……130

Q59 トマトやジャガイモの雑草防止と増収にヘアリーベッチは役立ちませんか？ ……132

Q60 ヘアリーベッチのリビングマルチで病害虫は減りませんか？ ……134

Q61 ヘアリーベッチとレンゲではどちらが裏作緑肥として適していますか？ ……136

Q62 ヘアリーベッチにより高付加価値米の栽培が可能でしょうか？ ……138

Q63 ヘアリーベッチからのチッソ供給量はどのくらいですか？　無肥料栽培は可能ですか？ ……139

Q48 景観緑肥のそれぞれの使い勝手と、その栽培ポイントを教えてください ……108

コラム3●同じ草種なら緑肥効果も同じ？ ……110

Q64 コシヒカリは倒伏に弱く、食味が心配です。ヘアリーベッチすき込みでの無肥料栽培は可能ですか？ …… 140

Q65 ヘアリーベッチの減肥はできないのですか？ …… 142

Q66 ヘアリーベッチの品種と栽培方法を教えてください …… 144

Q67 水田裏作でイタリアンライグラスはどうでしょうか？ …… 146

Q68 水田緑肥としての菜の花の評価はいかがですか？ …… 148

Q69 転換畑でダイズを栽培しています。最近は収量も上がらないうえにちりめんじわが発生し、品質も悪くなっています。緑肥作物で解決できませんか？ …… 150

Q70 ヘアリーベッチでダイズのリン酸減肥はできませんか？ …… 152

3 園芸作物・施設野菜

Q71 ハウスでの野菜づくり、チッソだけでなくリン酸もクリーニングクロップで減らせないかと思うのですが…… 154

Q72 緑肥ヘイオーツ（エンバク野生種）の効果的な栽培方法を教えてください …… 156

Q73 積雪地帯で、キタネグサレセンチュウを減らす緑肥はありますか？ …… 158

Q74 ハウスでトマトとキュウリを栽培していますが、サツマイモネコブセンチュウで困っています。線虫を抑えられる緑肥作物はありませんか？ …… 160

Q75 露地のサツマイモネコブセンチュウの被害で、サツマイモの減収がひどく、農薬でかなり対応しています。緑肥で何とかなりませんか？ …… 162

Q76 飼料用トウモロコシにもサツマイモネコブセンチュウの被害が出ます。被害に遭うと程長が低く、実入りが悪く、低収です。何かよい対策はありませんか？ …… 164

Q77 リビングマルチの導入方法を教えてください …… 166

Q78 トマト栽培でマメ科緑肥作物（ヘアリーベッチ、シロクローバ）を表面施用すると収量が増加し、施肥作業も省力になったという話を聞いたことがありますが…… 168

Part 4 使いこなし編

緑肥栽培の実際と導入法──選定・播種・すき込み

Q79 どのようにして最適な緑肥作物を選べばよいですか？ ……170

Q80 緑肥作物の作付けにはどのようなパターンがありますか？ ……172

Q81 園芸作物では畑に緑肥を入れる余裕がなく、導入は不可能ではないですか？ ……174

Q82 サツマイモを露地栽培しています。ネコブセンチュウの被害で収量減が著しく、農薬の多投も心配です。緑肥の導入効果は？ ……176

Q83 緑肥の播種方法について教えてください。その際の注意点は何ですか？ ……178

コラム6●ジャガイモ収穫と播種を同時に　不耕起播種機「ホリマキくん」 ……180

Q84 覆土や鎮圧をしっかりしたが、どうも生育が悪い。原因と対策はなんですか？ ……181

Q85 すき込みの時期と方法を教えてください。ロータリしかもっていないのですが、十分深くすき込めますか？ ……182

Q86 すき込んだ緑肥作物はどのくらいで腐熟し、主作物を作付けられるようになりますか？ ……184

Q87 塩類除去にクリーニングクロップを作付けました。これは必ずもち出す必要がありますか？ ……186

【付録】── 187

1 緑肥作物を組み入れた栽培体系（府県）……188
2 緑肥作物を組み入れた栽培体系（北海道）……192
3 今から播ける緑肥作物（府県播種期一覧）……196
4 緑肥作物特性表（雪印種苗・府県）……198
5 緑肥作物特性表（雪印種苗・北海道）……202
6 緑肥作物特性表（ホクレン）……204
7 緑肥作物特性表（タキイ種苗）……206
8 緑肥作物特性表（カネコ種苗）……208

引用文献 ……209

あとがき ……211

本文イラスト●トミタ・イチロー

Part 1 入門編
緑肥の魅力、活用法

私が緑肥の技術のポイントを
ご案内します

1 粗大有機物・根圏パワーとその魅力

Q1 地力増進と維持になぜ緑肥作物がそんなによいのですか？堆厩肥との違いはどこですか？

●堆厩肥にない働き
= 土を休ませ、根圏で土を耕す

主作物（園芸・畑作物・イネ・果樹等）の肥料としての効果や土づくり効果を目的として、その前に栽培され、畑にすき込まれる作物を緑肥作物と呼んでいます。堆厩肥はもともと圃場残渣や落ち葉等を堆積し、腐熟させたものを堆肥、家畜の糞尿を積んで腐熟させたものを厩肥と区別していましたが、今は両者を合わせて堆厩肥と呼んでいます。

●堆厩肥と緑肥の大きな違いは腐熟させる方法

堆厩肥は土の上で積極的に腐熟を促進させるため、完熟すれば即効的で（炭素率20～30）、有用微生物を増やし、土に悪さをしません。緑肥はすき込まれてから土の中で分解が進むため、後作の播種前に20～30日間の腐熟期間が必要です。

しかし緑肥は、栽培期間中に土を休めたり、連作を輪作体系にできます。

緑肥の利用は堆厩肥と違い、あらゆる作物に可能性があります。そのため、炭素率や収量にかなりの幅があり、肥効や土づくりへの効果も異なります。

例えば炭素率が低いマメ科やアブラナ科緑肥は土中での分解が早く（収量2～4t/10a、炭素率20以下）、肥効が期待できますが、出穂したトウモロコシやソルゴーは生収量で6～8t（堆厩肥で5t分：乾物ベース）、

カ月は土を休ませること、これは堆厩肥にはない効果です。また緑肥では根圏作用が期待できます。とくに、イネ科作物の豊富な根は土を耕し、土壌微生物相を豊かにします。また、マメ科作物の深い根は犁底盤を突き抜き、排水性を改善します。

●肥効も、物理性の改善効果も、目的ごとに品種で選べる

緑肥作物 とは？

●要点BOX●
緑肥作物は堆厩肥に比べ、①安価で、自給できる有機物、②種類も多いため効果が多様、③とくに物理性の改善に優れている。④土を休めたり、根圏における土壌病害や線虫抑制効果は堆厩肥では期待できない。

炭素率は50以上で分解が遅く、肥効より物理性の改善に適しています。このように緑肥は目的によって選定できますが、堆厩肥はどちらかというと、肥効の期待が大きい有機物です。

また堆厩肥には価格の問題や、水分調整に使ったモミガラや木屑がいつまでも腐らず、圃場に残る難点もあります。緑肥にはこのような問題はありません。

● 緑肥で増収、品質向上を期待

千葉県では緑肥としてトウモロコシを6tすき込み、これに相当する堆肥1.3tを施用した区を設け、3年間にわたって数種類の野菜を栽培、その平均収量を比較しました。

その結果、すき込み1年めでは6種類の野菜の平均で、慣行区の無施用区（化成肥料で栽培）93％、トウモロコシすき込み区102％、2年目では、7種類の平均値で無施用区94％、トウモロコシすき込み区103％と、慣行区よりは明らかに多収となり（図1）、さらに堆厩肥区よりは若干トウモロコシすき込み区が多収になっています。とくに1作目で多収になったのはホウレンソウ、ハクサイ、キャベツ、ニンジンで、ダイコンは枝根が生じ、低収でした。しかし、2作目ではダイコン、イモ類、ショウガでも、枝根もなくなり、品質面での改善も認められました。

> トウモロコシすき込みのパワーは慣行区以上、堆厩肥並み

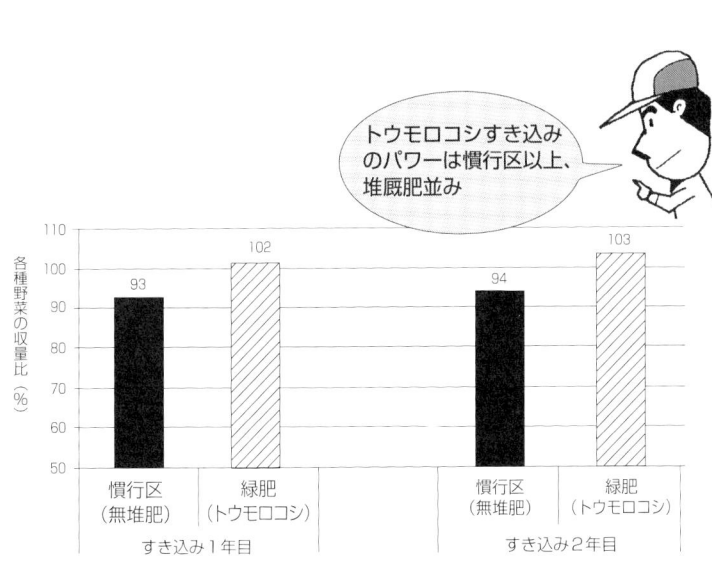

図1　トウモロコシ休閑緑肥後の各種野菜の平均収量比（岡部を改変、1978）
注）6種類の野菜の収量を堆厩肥区を100として、収量比で示した。

粗大有機物・根圏パワーとその魅力

Q2 土づくりについて教えてください

●有用微生物を増やすことが土づくりにつながる

土壌は、もともとは火山灰や岩石が風化した無機物で、それが細かくなり、進化の過程で微生物が住むようになり、植物が生長し、有機物が蓄積されてできたものです。土は土壌粒子である固相、中にたまった水分を示す液相、空気の層である気相の三つからなり立ち、土づくりはこの三つの区分の改善を行なっていきます。緑肥は豊富な作物のボリュームで物理性を、炭素率の違いで化学性を、豊富な根圏で生物性を改善、この三つすべてに関わることができます（図2）。土づくりの目的は作物の根張りをよくし、その植物体を支え、水分や栄養を供給し、収量や品質を改善することです。

まず、物理性の改善とは後作の根が発達できるように、孔隙率（気相＋液相）を増やし、土壌を単粒から団粒構造にし、土をフカフカにすることです。化学性を改善するには肥料のもちをよくする腐植を増やし、土の肥料成分を高め、そのバランスを直す

ことです。生物性の改善とは有害線虫や病原菌を減らし、有用な微生物を増やしていくことです。これらが土づくりにつながります。

●微生物のエサになる堆肥や緑肥

有用な微生物を増やすには、その住処（すみか）（団粒構造）をつくり、エサを与えなければいけません。地球上のすべての生物はエサという太陽エネルギーの恩恵を受けています。植物は葉緑素（クロロフィル）で光合成を行ない、このエネルギーを糖類に固定しています。

人類は必要なエネルギーを米やパンの炭水化物（糖類）から得て、酸素を呼吸し、生きています。では微生物はどうでしょうか？　微生物は、動物の糞尿や死骸、食べかす等あらゆる有機物を腐敗させ、処分しながらエネルギーを得て、無機物に戻し、地球を掃除していきます。今、問題になっているのは彼らが分解できないプラスチック等の物質を人類がつくり、放置してい

●要点BOX●
土づくりには土壌をフカフカにする物理性の改善、保肥力を増す化学性の改善、有用な微生物を増やす生物性の改善の3つの目的がある。緑肥にはこのいずれも期待できる。

土づくりとは？

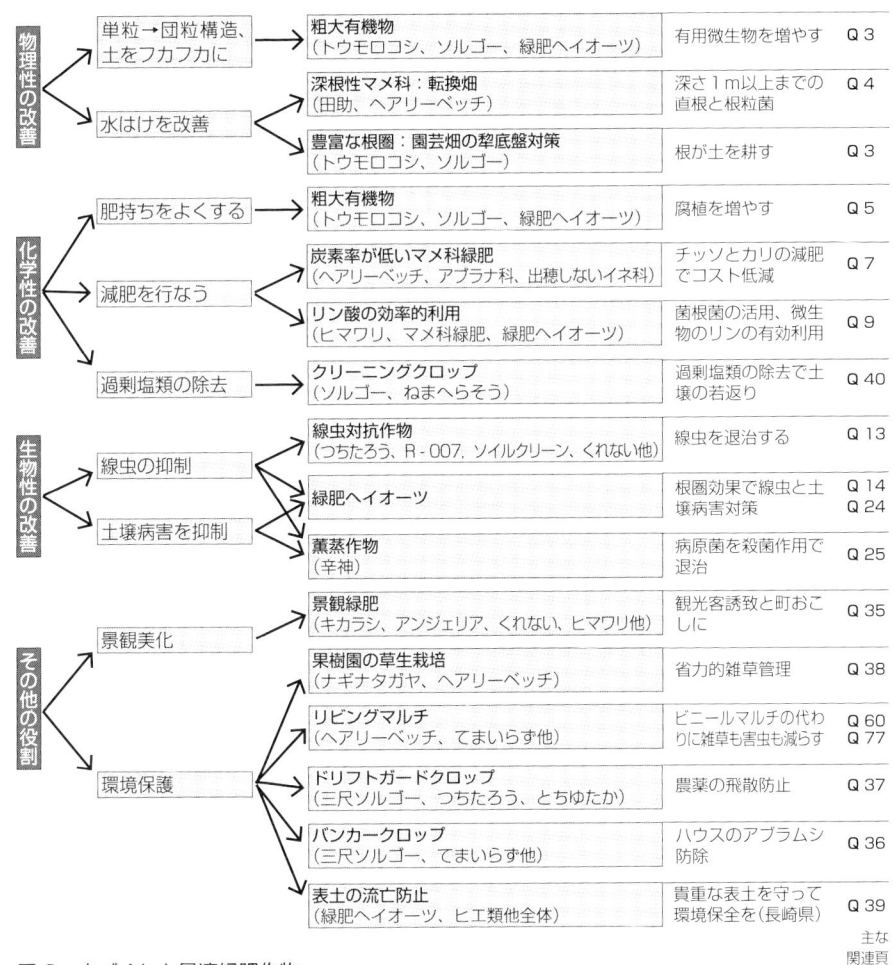

地球上のすべての物質は炭素をもつ有機物ともたない無機物に分かれます。有機物（炭素Cをもつ物質）が燃えると無機物（灰）になります。化成肥料は優れものですが人類がつくった無機物です。

堆厩肥や緑肥は有機物で、微生物のエサとなり、これを増やします。微生物はこれを分解、エネルギーを得ることができ、増殖して、土づくりに役立ちます。つまり、圃場から収穫するだけの農業ではなく、お礼に有機物を微生物のエサとして与えていく環境に優しい循環農業がポイントで、持続的農業につながります。

緑肥には根圏作用もあり、堆厩肥以上に期待が大きい有機物です。

分類	目的	作物例	効果	参照
物理性の改善	単粒→団粒構造、土をフカフカに	粗大有機物（トウモロコシ、ソルゴー、緑肥ヘイオーツ）	有用微生物を増やす	Q3
	水はけを改善	深根性マメ科：転換畑（田助、ヘアリーベッチ）	深さ1m以上までの直根と根粒菌	Q4
		豊富な根圏：園芸畑の犂底盤対策（トウモロコシ、ソルゴー）	根が土を耕す	Q3
化学性の改善	肥持ちをよくする	粗大有機物（トウモロコシ、ソルゴー、緑肥ヘイオーツ）	腐植を増やす	Q5
	減肥を行なう	炭素率が低いマメ科緑肥（ヘアリーベッチ、アブラナ科、出穂しないイネ科）	チッソとカリの減肥でコスト低減	Q7
		リン酸の効率的利用（ヒマワリ、マメ科緑肥、緑肥ヘイオーツ）	菌根菌の活用、微生物のリンの有効利用	Q9
	過剰塩類の除去	クリーニングクロップ（ソルゴー、ねまへらそう）	過剰塩類の除去で土壌の若返り	Q40
生物性の改善	線虫の抑制	線虫対抗作物（つちたろう、R-007、ソイルクリーン、くれない他）	線虫を退治する	Q13
	土壌病害を抑制	緑肥ヘイオーツ	根圏効果で線虫と土壌病害対策	Q14 Q24
		薫蒸作物（辛神）	病原菌を殺菌作用で退治	Q25
その他の役割	景観美化	景観緑肥（キカラシ、アンジェリア、くれない、ヒマワリ他）	観光客誘致と町おこしに	Q35
		果樹園の草生栽培（ナギナタガヤ、ヘアリーベッチ）	省力的雑草管理	Q38
		リビングマルチ（ヘアリーベッチ、てまいらず他）	ビニールマルチの代わりに雑草も害虫も減らす	Q60 Q77
	環境保護	ドリフトガードクロップ（三尺ソルゴー、つちたろう、とちゆたか）	農薬の飛散防止	Q37
		バンカークロップ（三尺ソルゴー、てまいらず他）	ハウスのアブラムシ防除	Q36
		表土の流亡防止（緑肥ヘイオーツ、ヒエ類他全体）	貴重な表土を守って環境保全を（長崎県）	Q39

主な関連頁

図2 土づくりと最適緑肥作物

粗大有機物・根圏パワーとその魅力

Q3 畑が緻密なせいで作物の生育が悪く、困っています。緑肥作物はこの対策に有効ですか？

粗大有機物の投入効果と根耕力

●「土を耕す」イネ科緑肥

土壌の団粒構造づくり（図3・1）にはイネ科緑肥の豊富な根圏と作物のボリュームが一番です。とくにトウモロコシはつくりやすく、もっとも根張りに優れた作物の一つで、古くから「土を耕す」といわれています。トウモロコシの生育に伴う根張りを図3・2に示しました。出穂すると、深さ・幅ともに2mの範囲に広がり、プラウやロータリの耕作深を超えています。この細根は土の中で分解され、水路となり、排水性の改善にも役立ちます。また生収量で6tの粗大有機物は黄熟期になると乾物ベースで1.5tにもなり、これは乾物ベースで堆厩肥5tの量に匹敵します。北海道では代表的な土づくり作物です。

府県では土づくりの代表はソルゴーです。ソルゴーはトウモロコシに比べ、耐病・耐倒伏性に優れ、散播なので生収量で8t/10a近くを確保できます。北海道でもハウスやメロンを栽培する前の代

表的な休閑緑肥です。

●耕作地の2割の休閑緑肥でも経営効果は高い

府県の園芸農家は、限られた面積での休閑地（借地）を含めて休閑緑肥を検討してみてください。例えば、現状の商品化率が6割と低い場合、耕作地の2割を休閑したり遊休地を借りたりして緑肥を導入できれば、翌年からは収量が回復し、1割以上の増収と8割以上の商品化率の改善が期待できます。商品化率が8割なら、栽培面積が2割減っても64％の商品となり、こちらの利点が多くなります。5年で10割の土づくりが可能です。

●短期緑肥や越冬緑肥という手もある

コムギ後作や短期の休閑緑肥にはエンバク野生種の「緑肥ヘイオーツ」や「緑肥用エン

要点BOX
❶トウモロコシやソルゴーを休閑栽培し、根で畑を耕す。さらにすき込んで物理性を改善、土壌を単粒から団粒構造にする。❷短期休閑やコムギ後作では「緑肥ヘイオーツ」が、越冬緑肥ではライムギが一番。

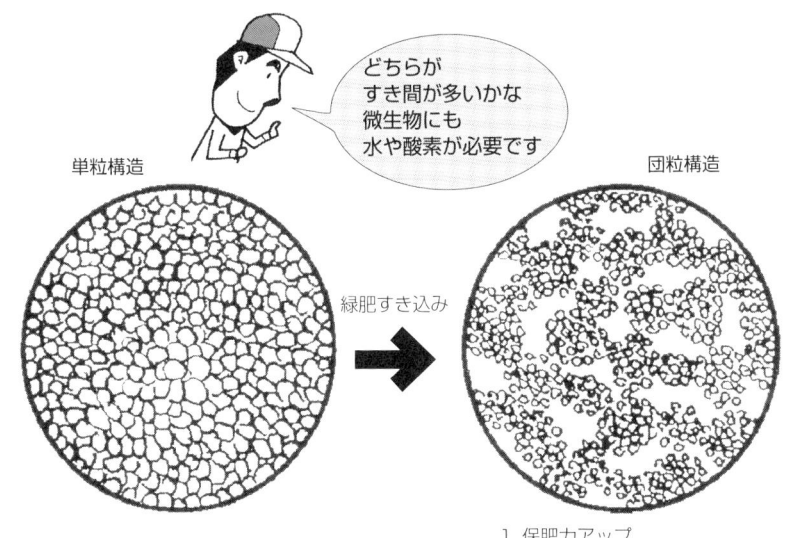

どちらが
すき間が多いかな
微生物にも
水や酸素が必要です

単粒構造　　　　　　　　　　　　　　団粒構造

→ 緑肥すき込み

1. 保肥力アップ
2. 土壌の通気性・透水性の改善
3. 有用微生物の住処の形成
4. 有用微生物の増殖

図3-1　緑肥のすき込みによる団粒構造の形成

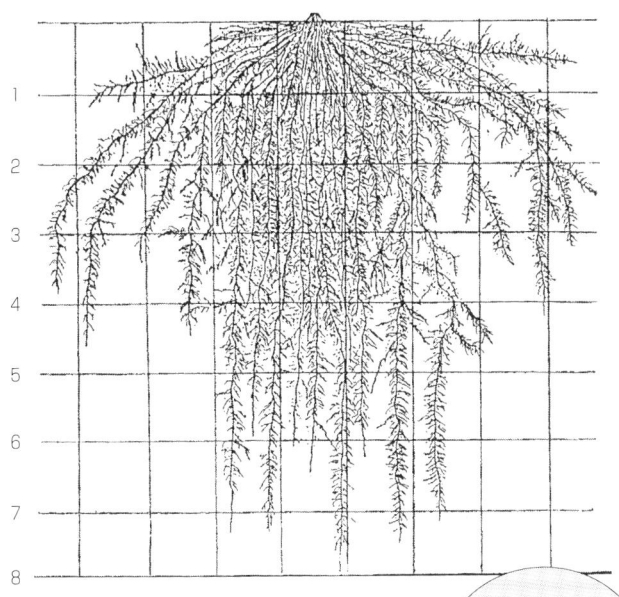

図3-2　トウモロコシの根張り（Weber、1926）
　　　　1目盛は1フィート（30cm）である。

収穫期のトウモロコシ（黄～完熟期）の根は幅、深さとも2mも伸びる

バク」があります。とくに緑肥用エンバクより明らかに根量が多く、多収です。根量の多さではライムギも挙げられます。ライムギは秋播きすると、冬に備えて地上部の生育以上に根張りをよくし、その量はエンバクの3倍以上、とくに北

15　Part1　緑肥の魅力、活用法

北海道のタマネギ後の土づくりとして好評です。九州沖縄農研センター（以下、九沖農研と略）はソルゴー「つちたろう」とクロタラリア「ネマコロリ」を3年間栽培、後作にダイコンを栽培して効果を比較しています（図3-3）。乾物収量はつちたろうが最多で、雑草の発生も少なくなりました。土壌中の2mm以下の有機物量は1年目では0.5％休閑無植の増加につながっています。

このようにイネ科牧草の豊富な根は団粒構造を増やすのに最適です（表3-1）。逆に犂底盤を打ち破るには深根性のアカクローバのようなマメ科牧草が最適です（表3-2）。これらの使い分けがポイントです。

栽培区に比べ増加し、2年目では2％弱も増加、腐植の増加につながっています。

図3-3 緑肥すき込み圃場の雑草発生量（雑草/作物重比）とダイコン栽培前の土壌有機物量の違い
（安達、2008）

表3-1 1mm以上の耐水性団粒の割合と前作物との関係
（E. J. ラッセル）

前作物	古い牧場	古い耕地	アルファルファ 6年	アルファルファ 3年	クローバ 3年	綿 3年
耐水性団粒の割合（％）	79	4	30	20	35	9

表3-2 各種牧草栽培後の犂底盤の堅さ（火山性土、田村）

作物	ダイズ	アカクローバ	ラジノクローバ	アルファルファ	チモシー	混播草地
1年目	124	58	78	51	97	51
2年目	112	29	65	41	73	41

イネ科牧草の豊富な根は団粒構造を増やす
犂底盤を破るには深根性のアカクローバが一番

コラム 1
持続的農業と緑肥作物

●**持続的農業とは**

環境に優しい農業の中に、持続的農業があります。持続的農業はSustainable Agricultureといわれ、世界各地で取り組まれています。米国では農務省が中心になり、LISA（リサ）農業（Low Input Sustainable Agriculture）を提唱し、その後SARE（セーラ）農業（Sustainable Agriculture Research & Education）に進歩していきました。要は、入れるものを少なくして、将来のある長い農業をやるという意味で、肥料や農薬の施用量を少なくして経費を抑え、安い農産物を供給、農家が儲かる農業を行なうことです。

具体的な技術では化石エネルギーを使うプラウ耕起をやめて、不耕起や部分耕起栽培の実施、農薬の散布を少なくする除草剤抵抗性や虫害抵抗性トウモロコシやダイズの開発、ブドウ畑のヘアリーベッチ草生栽培等があげられます。これらは化石エネルギーの節約とCO_2の放出防止に役立ち、コスト低減に寄与しています。

ヨーロッパの持続的農業は環境保護に大きな意味合いがあります。ドイツでは、農業で開拓しすぎた畑を元の森林に戻すために放置し、雑草畑になっている畑が見られます。道路脇の露店では無農薬や減農薬の果物が販売され、とてもおいしく食べた記憶があります。フランスも農業大国ですが、天気がよいため、7～8作物の輪作体系を組み、地力を維持しています。

●**日本農業の持続的可能性に大役**

日本では、土づくりや有機物の活用などで肥料を減らし、化学肥料を土壌分析等でやりすぎないように取り組む一方で、減農薬のさまざまな方法・技術が開発され普及しています。この中で、緑肥作物は日本で自給でき、また温暖化対策の二酸化炭素低減の面でも環境に優しい有機物として見直されています。この緑肥を積極的に導入していくことこそ、これからの日本農業の持続的発展につながると考えています。

1 粗大有機物・根圏パワーとその魅力

Q4 転換畑で土壌の排水性が悪いのですが、これも緑肥作物で改良できますか？

●地中80cmまで入る根、セスバニア「田助」

セスバニア「田助」は暖地型のマメ科作物で、排水不良地で生育がよい緑肥です。転換畑での利用が好評で、根粒菌が着生、空中チッソの固定で減肥が期待できます（写真4）。塩谷らはこの田助を転換畑に栽培し、深さ80cmまで根が入ったとして、トウモロコシの25cmより優れていると述べています

写真4　田助の根と根粒菌
土中80cm以上も根が深く伸び、根粒菌も着生。排水改善と同時に減肥も期待できる

●諫早干拓地のソルゴーすき込み効果

また、長崎県の諫早湾干拓地では、ソルゴーやトウモロコシ、セスバニアとイタリアンライグラスを組み合わせて2年4作し、土づくりを行なっています。この地での後作キャベツの収量は、2年間の平均値で堆肥無施用区（化成肥料を3要素でそれぞれ10a当たり21kg、15kg、21kg施用）に比べ、ソルゴーのみすき込み区で126%、堆肥2tの併用では152%も増収しています（図4）。これら粗大有機物が腐植を増やし、土が肥えて、また土壌の孔隙率が増えて排水性も改善された結果といえます。

とくに緑肥を条播栽培したことにより土壌に亀裂が生じ、乾燥を早めて、排水性を改善、除塩を早めました。フレルモアによる緑肥の細断処理とディスクプラウによる土壌混和が有機物の分解を進め、堆

（1988年）。おかげで後作のコムギ収量は慣行区に比べ398kg（159%）と極多収になり、生育も良好でした。

> **緑肥作物による排水性の改善**

● 要点BOX ●
深根性のセスバニア「田助」は諫早湾開拓地や岡山県の笠岡干拓地で、ヘアリーベッチは大潟村で排水性を改善。

●寒地の排水性改良にヘアリーベッチ導入で効果

秋田県の大潟村では、セスバニアが夏場の作物で十分な休閑期間がとれないため、秋口にヘアリーベッチを導入、排水性を改善しています。

現地のダイズは三葉期に梅雨が重なり、生育不良になっていました。そこで前年の9月26日にヘアリーベッチを播種、6月初旬には草丈が170cmに伸び、乾物収量で10a当たり365kg、13.1kgのチッソがすき込まれています。

ヘアリーベッチ栽培区は地面に深さ50cm、幅2cm程度の亀裂が入り、根は深さ45cmに達しています。保水力が向上する一方で、とくに根が多かった深さ10〜15cmでは乾燥化の促進が進みました。同栽培区の蒸発散量は382g／m²と慣行区の10倍も多く、排水性の改善に明らかに寄与しています。

その結果、後作のダイズは慣行区より明らかに多収、根粒数が1.5倍も多くなりました（表4）。

厩肥の施用と併せて、土づくりが進んだそうです。

注）キャベツの収量は2002年と2003年の平均値、孔隙率は2003年の値である。

図4　緑肥ソルゴー＋堆肥施用後のキャベツ収量比と土壌の孔隙率
（山田らを改変、2007）

表4　ヘアリーベッチ栽培後のダイズの収量と構成要素　（佐藤、2006）

処理	主茎長 (cm)	茎太 (cm)	分枝数 (本／株)	莢数 (個／株)	種子数 (粒／株)	収量 (kg／10a)	比 (%)
ヘアリーベッチ区	61.9	8.8	5.7	70.5	136	393	142
無栽培区	45.9	8.0	4.5	45.3	82	276	100

> ヘアリーベッチの根は50cm以上伸びて、地割れも生じ、排水性を改善（土壌が乾燥）し、ダイズが極多収になりました

2 緑肥作物の肥効と減肥効果

Q5 肥料の効果が今一つの気がする一方で、連作で肥料のやりすぎが心配です。緑肥を活かせませんか?

保肥力を高める

●保肥力の改善が必要

化学肥料は陽イオン（例えばアンモニウム NH_4^+、カリウム K^+、カルシウム Ca^{2+}、マグネシウム Mg^{2+}）か、陰イオン（硝酸 NO_3^-、リン酸 PO_4^{3-} 等）のかたちで供給されます。実際の化学肥料はこの陰イオンと陽イオンの化合物、塩のかたちで販売・供給されますが、土壌に施用されると水に溶けて、ふたたび陽イオンと陰イオンになり、作物に吸収されます。例えば硫安（硫酸アンモニウム）は硫酸根（SO_4^{2-}）とアンモニウムイオン（NH_4^+）に分かれます。

作物はこのイオンのかたちで肥料を吸収しますが、放置されると流亡してしまうのが、土の中の粘土（マイナスイオンに帯電している）が陽イオンと結合し、これを防いでいます。粘土とは試験管に土と水を入れて、振ったときに濁る土の粒子です。砂には少ないので、砂を水に溶かしても濁らず、肥もちも悪くなります。

粘土と同じ役割をするのが腐植（土壌中では黒い物質）で、堆厩肥も緑肥も微生物に分解されて、最終的にはこの腐植になります。腐植もマイナスに帯電しており、肥料のうち、プラスに帯電している陽イオンの肥料成分をつかみ、流亡を防いでいます。この陽イオンをつかむ力を陽イオン置換容量（CEC）といい、胃袋の大きさを示し、どの程度までつかんでいるかを土壌分析では飽和度で表します。府県では有機物不足で、とくにハウスでは飽和度が100を超えている土壌をよく見かけます。このような土壌は肥料をつかむ手がなく、施肥しても流亡してしまうので、分施か有機物を入れ、腐植を増やし、CECを改善しなければいけません（図5）。このことを保肥力の改善といいます。

● 要点 BOX ●
すべての有機物は分解されて腐植になり、陽イオンの肥料成分をつかむ力（保肥力）を増やし、塩基飽和度を下げる効果が期待できる。とくに炭素率が高い分解しにくい緑肥が腐植の増加に適している。

● 出穂したソルゴー、トウモロコシを枯らしてすき込むとロータリでも大丈夫

Q4で紹介した長崎県の諫早湾干拓地ではソルゴー、トウモロコシ、セスバニアと牛糞堆肥すき込みにより腐植が増え、なかでもカリの増加が目立ちます（表5）。その結果、CECと飽和度が改善され、孔隙率も2.8％増加して、化学性も物理性も改善されてきているのがわかります。

こうした保肥力を高める腐植を増やすには、分解しにくい有機物、例えば出穂したソルゴーやトウモロコシ、枯死した緑肥が適しています。ある篤農家は枯らした「緑肥ヘイオーツ」に堆厩肥を組み合わせてすき込み、翌年はマメ科牧草をつくり、3年目に根菜類を栽培、品質と収量を改善しています。

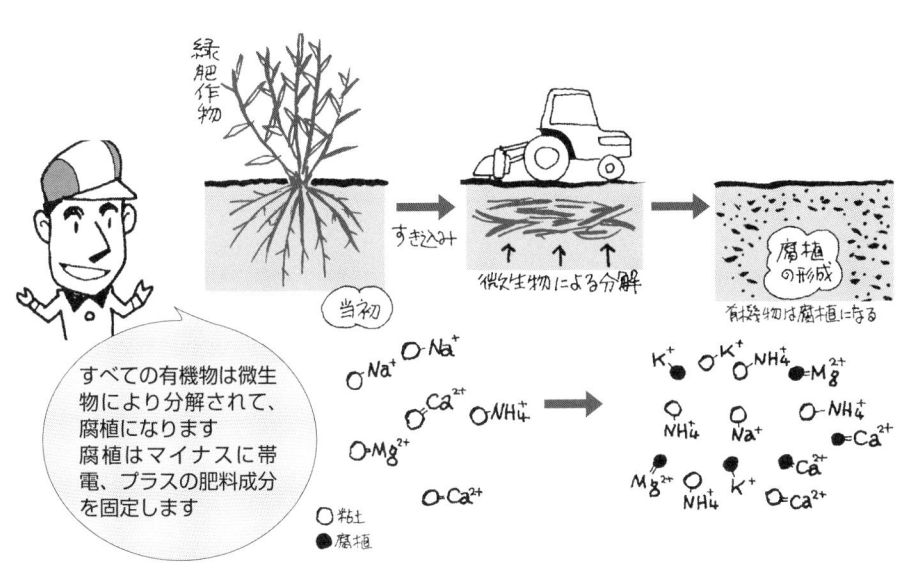

図5　緑肥の分解と腐植の形成、保肥力の改善

表5　緑肥作物すき込み後の土壌改良効果 （山田らを改変、2007）

緑肥＋堆肥	土壌養分（mg/100g）				化学性				物理性
	腐植(％)	可給態チッソ(mg)	可給態リン酸(mg)	可給態カリ(mg)	pH(H_2O)	EC mS/cm	CEC (mg)	飽和度(％)	孔隙率(％)
ソルゴー＋堆肥2t（2年後）	3.96	5.2	71	25.1	5.74	0.42	44.3	84	69.2
ソルゴー＋堆肥無（2年後）	3.04	4.6	40	21.2	5.52	0.62	43.7	78	68.4
緑肥無＋堆肥未施用	2.98	4.0	34	18.2	5.73	0.36	42.5	79	66.4
目標値	>2.92	>5.0	20～100	15～40	6.0～6.5	<0.3	>20	60～80	

注）諫早湾については土壌養分は栽培2年後、化学性は3年後、物理性はその中間に調査した。

2 緑肥作物の肥効と減肥効果

Q6 化学肥料と緑肥作物によるチッソの肥効はどのように違うのですか？

化学肥料との肥効の違いは？

●チッソの循環と効率的利用

図6にチッソの循環を示しました。空気中のチッソはマメ科植物と共生する根粒菌で固定され、利用されます。土壌中の有機物は微生物によりアンモニア態チッソへ、さらに亜硝酸から硝酸態チッソとなり、植物に利用されます。この硝酸態チッソの一部は土壌の脱窒作用で空中へ飛散します。多くの植物は硝酸態チッソを吸収し、アミノ酸やタンパク質を合成・生長します。

また、緑肥としてすき込まれると、逆に微生物によりタンパク質がアンモニアに分解され、硝酸態チッソに移行します。

●ゆっくり長く効く緑肥のチッソ

緑肥の肥効は、この空中チッソを固定できる根粒菌が共生するマメ科植物と、作物の分解が早い炭素率が10～20のマメ科、アブラナ科緑肥や出穂しないイネ科緑肥に期待できます。その肥効は、植物に利用されるまで温度や水分条件に左右されます。北海道ではマメ科緑肥でも翌年に利用されるチッソは3割、府県でも5～8割と推定され、残りは翌年以降になります。完全に分解・利用されるまでには府県では2年、北海道では3年目の春までといわれ、緩効性ですが持続性に優れた肥料になります。

●早く効くが問題も多い化成肥料

一方、化成肥料は化学合成でつくられる化学物質（塩）なので、即効性です。チッソでいえば、硝安、硫安、塩安、尿素が代表的ですが、硝安は施用後すぐに硝酸態チッソが生じるので、生長の早さが要求されるホウレンソウに最適です。ただし、多用すると硝酸態チッソ中毒の問題が生じ、家畜では致死の報告があります。硫安（硫酸アンモニウム）は一般的ですが、結合している硫酸根（SO_4^{2-}）の蓄積には注意が必要です。

また、低温ではトウモロコシはアンモニア

要点BOX
❶緑肥作物は植物体のタンパク質が微生物に分解され、アンモニア態チッソから硝酸態チッソになり、多くの植物に利用される。❷化成肥料は即効的だが、持続性と残った硫酸根（SO_4^{2-}）等で土壌が酸性化していくのが難点。

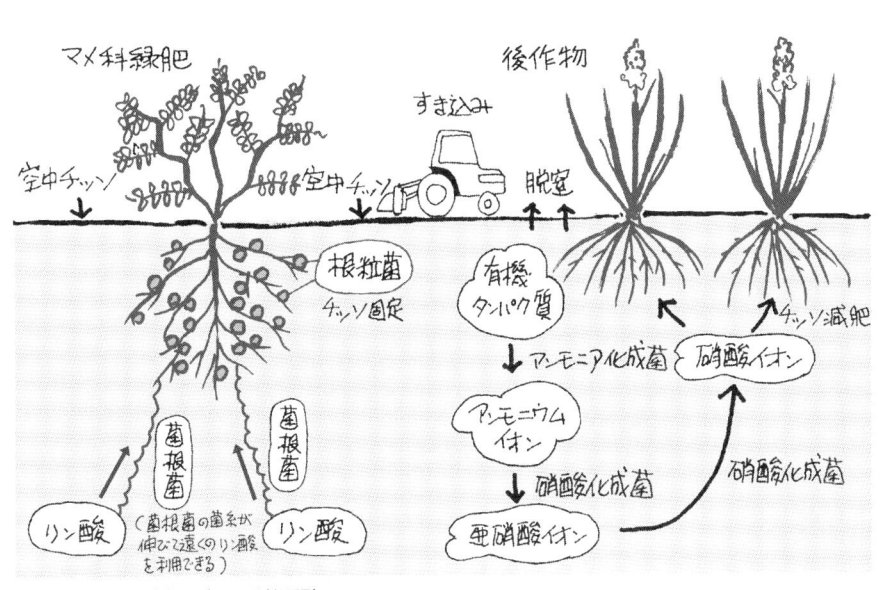

による障害も発生しますし、硫酸根は強酸で、多用すると圃場は酸性化していきます。塩安にも塩酸根（Cl⁻）の問題があります。尿素は肥料の中では中性で、扱いやすいですが、アンモニア→硝酸態チッソへ移行するため、硫安に比べ肥効が遅い難点があります。

化成肥料連投の慣行法では、過剰な肥料成分の蓄積が環境汚染を引き起こしています。有機質（腐植）が少ない土壌では、硝酸態チッソをつかむ手が少なく、地下に浸透、地下水汚染につながります。緑肥のすき込みは腐植の増加につながり、環境汚染防止にも役立ちます（図5）。

緑肥のチッソは春先の低温では効果が遅く、生育の遅れにつながります。2年目以降であれば残肥の効果で生育はよくなりますが、圃場や作物によっては、初年目は若干の化成肥料が必要です。土壌診断により判断します。ヘアリーベッチをすき込んだ場合、生育を見ながら、低温条件下での初期生育の改善や穂肥等の化成肥料との併用が理想的です。逆に緑肥の肥料成分を化成肥料から差し引かないと、品質を含めて問題が生じる場合があるので注意がいります。

図6　チッソの循環（マメ科緑肥）
注）水稲は湛水されるので硝酸化成菌が活動できず、アンモニア態チッソを吸収して生育します。

2 緑肥作物の肥効と減肥効果

Q7 緑肥作物の分解と肥効について教えてください。炭素率とは何ですか？

緑肥作物のチッソ肥効の活かし方

●緑肥の分解、肥効は炭素率で決まる

すき込まれた有機物の分解速度は、その有機物の炭素（C）とチッソ（N）の比率である炭素率（C／N比）で決まります。緑肥のチッソ放出タイプは、図7に示すように三つに分けられます（北海道農政部）。

A型（炭素率20以下）のマメ科やアブラナ科緑肥では、すき込み当初から翌年にかけてチッソが放出され、翌年のチッソの利用率は30％前後です。

B型（炭素率20〜40）のエンバクやヒマワリは、すき込んだ翌年の夏以降にチッソが放出され、利用率は炭素率35でゼロ、肥効なしとなっています。減肥できません。

C型（炭素率40以上）のトウモロコシやソルゴーではすき込んだ翌々年（2年目）の後半にチッソが放出され、初年目はチッソ飢餓の防止と分解促進のために、すき込み時に硫安や石灰チッソの散布が必要になります。北海道での肥効は3年目の春までで、

2年目以降は土壌診断で決めるようになっています。

このように緑肥による減肥量は、すき込まれる「乾物収量×チッソ含量」と炭素率で決まり、北海道の基準では炭素率が10〜15のヘアリーベッチで10a当たり3〜5kg、アカクローバの休閑利用で5〜6kg、シロガラシの後作利用で4〜6kg、エンバク野生種で0〜4kg、トウモロコシやソルゴーで0kgとなっています。それぞれの炭素率を表7にまとめました。

●府県でチッソ減肥できるのはヘアリーベッチ

府県は気温も高くもう少し分解が進むので、右の北海道より減肥量も多くなります。

ただ、出穂や開花・結実するものが多いので炭素率の低い緑肥が少なく、マメ科のクロタラリアやセスバニアでも50前後になる場合があり、減肥の可能性があります。「緑肥へイオーツ」でも出穂が少なくなるので炭素率は30〜40、

● 要点BOX ●
作物中の炭素（C）とチッソ（N）の比率を炭素率、C／N比という。有機物の分解速度は炭素率で決まる。イネ科緑肥とマメ科緑肥では炭素率が大きく異なるので、分解速度や肥効も異なる。

減肥は難しくなります。

そうした中でもっとも減肥（チッソ肥効）が期待できるのはヘアリーベッチです。ヘアリーベッチは炭素率が12前後、乾物率が約10％、チッソ含量が4％前後です。つまり、生収量1tは乾物収量で100kgになり、チッソ収量は4kgになります。その半分が肥効になります。そのため、生収量が3tでチッソ量は6kg、4tで8kgと推定されます。キカラシやチャガラシも炭素率が20前後で、生収量が4t、4kg前後は期待できると思われます。ヘアリーベッチはアズキ粒大の根粒が着生し、チッソ含量も多い、チッソ減肥に適した緑肥作物です。

図7　緑肥のチッソ放出のタイプ

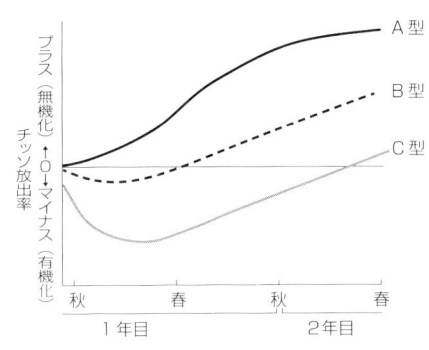

A型●1年目から放出（C/N比20以下）マメ科、アブラナ科等

B型●2年目から放出（C/N比20～40）エンバク、ヒマワリ等

C型●2年目の後半から放出（C/N比40以上）ソルゴー、トウモロコシ等

表7　緑肥作物の肥料成分含量と減肥推定量（北海道農政部の表を改変、2004）

緑作物	導入のタイプ	播種後日数	乾物収量(kg/10a)	炭素率	チッソ放出のタイプ	含量 チッソ(％)	含量 リン酸(％)	含量 カリ(％)	減肥の目安（道内）チッソ(kg/10a)	減肥の目安（道内）カリ(kg/10a)
エンバク野生種	春播き	70	300～500	15～20	A～B	2.0～2.8	0.6～0.7	3.0～5.0	0～4	0～4
	後作	60	400～600	15～20	A～B	2.0～2.8	0.6～0.8	3.0～5.0		
エンバク	春播き	70	500～700	20～30	B	1.5～2.0	0.5～0.7	3.0～4.0	0～4	0～4
	後作	60	400～600	15～20	A～B	2.0～2.8	0.5～0.7	3.0～5.0		
ライムギ	越冬	翌年春	300～400	15～25	A～B	1.7～2.8	0.7～0.8	3.0～5.0	2～3	0～4
ヘアリーベッチ	春播き	50～70	150～300	10～15	A	2.8～4.2	0.8～1.2	4.5～5.5	3～5	0～4
	後作	70	250～300	12～15	A	2.8～3.5	0.9～1.3	4.5～5.5		
シロガラシ	春播き	60	450～600	20～25	B	1.7～2.0	0.7～0.9	3.5～5.0	2～5	0～6
	後作	70	450～600	20～25	B～C	1.7～2.0	0.7～0.9	3.0～5.0	4～6	0～6
ヒマワリ	春播き	100	900～1300	30～40	B～C	1.0～1.4	0.4～0.6	4.5～5.5	0	2～5
	後作	70	400～550	20～25	B	1.7～2.0	0.7～0.9	3.0～4.5	2～5	0～6
アカクローバ	休閑	130～150	550～700	13～16	A	2.5～3.2	0.4～0.6	3.0～3.5	5～6	0～4
	間作	170～190	120～300	10～13	A	3.2～4.2	0.4～0.5	2.6～3.0	2～4	0
トウモロコシ	休閑	110	900～1200	30～35	B～C	1.2～1.4	0.4～0.5	3.0～4.0	0	0～10
ソルゴー	休閑	120	900～1400	30～40	C	1.0～1.4	0.3～0.4	3.0～4.0	0	0～8

注）元表を北海道緑肥作物等栽培利用指針から引用し、チッソ放出のタイプは図7から当てはめた。

2 緑肥作物の肥効と減肥効果

Q8 府県ではどのようにして、緑肥作物で減肥を行なうか、具体的な例があれば教えてください

緑肥作物による減肥法

●炭素率が低いヘアリーベッチでチッソ減肥

裏作ヘアリーベッチ→イネまたはダイズの体系では無肥料栽培によるコスト低減の可能性が見えてきています。

私たちの試験では、ヘアリーベッチの生収量2～3t、土壌分析値は診断値の基準以上の農家圃場で、無施肥でエダマメを栽培して慣行栽培より多収になっています（Q70参照）。土壌分析を行ない、イネでは生育や葉色を見ながらの追肥対応など必要ですが、1年目より2年目以降のほうが後作の生育がよくなります。

●府県では堆肥との合わせ技で

府県ではイネ科緑肥がすき込み適期には出穂し、炭素率が40を超すので、減肥が難しいとされていますが、堆厩肥と組み合わせることで減肥とともに多収も狙えます。愛知県ではこの方法でハクサイとキャベツのチッソ減肥試験を行なっています。ハクサイではエンバク野生種で13.3kg、ギニアグラスで7.7kgのチッソがすき込まれ、慣行栽培より4kg減肥。それでもハクサイの球重は増加し、多収になっています。チッソの減肥可能量は4kgと報告しています（表8）。

キャベツではソルゴーと堆厩肥を組み合わせています。ソルゴーもギニアグラスのように炭素率が高い緑肥も豚糞堆肥を組み合わせることでその分解を助け、有機物の補給とチッソの肥効で慣行区より多収です。これに対し、慣行区＋豚糞区では物理性の改善が十分でないためか、慣行区よりむしろ低収になっているのが興味深い点です。

●ヒマワリ、トウモロコシでリン酸減肥も

糸状菌の一種、VA菌根菌を利用したリン酸減肥の方法もあります。VA菌根菌の感染率が高いヒマワリやトウモロコシを前作に菌根菌を増殖させ、後作に菌根菌が利用できるトウモロコシを栽培すると、明らかに多収になります（図

● 要点BOX ●
❶裏作ヘアリーベッチやソルゴー＋豚糞堆肥でチッソ減肥が可能。
❷ヒマワリ、トウモロコシによるVA菌根菌活用で、リン酸減肥と多収を期待。

8)。しかし、着生しないテンサイやソバ後では、この効果がなく低収になります。

菌根菌の菌糸は根から遠い所にあるリン酸を吸収し、作物に利用できるようにします。とくに効果が大きい緑肥はヒマワリ、トウモロコシで、エンバク野生種やマメ科緑肥も効果が期待できます。ただし、アブラナ科（キャベツ、ダイコン、ハクサイ、キカラシ、チャガラシなど）、アカザ科（テンサイ、ホウレンソウなど）、タデ（ソバなど）には着生せず、この効果がないので注意してください。ヒマワリの後作にテンサイやソバを作付けても、菌根菌による効果は期待できません。具体的な減肥方法は、拙著『新版 緑肥を使いこなす』を参照してください。

表8　エンバク野生種、ギニアグラスによるハクサイの減肥事例 （愛知県農林水産部、豊橋市、2006）

緑肥	生収量 （t/10a）	チッソ含量 （%）	チッソ吸収量 （kg/10a）	施肥量 （N-P-K）	球重 （kg/球）	対比 （%）	球高 （cm）	球径 （cm）
エンバク野生種	3.8	3.6	13.3	18.6-13.2-16.2	2.22	116	28.1	15.3
ギニアグラス	3.2	2.3	7.7	18.6-13.2-16.2	2.18	114	27.5	15.3
慣行区	無			22.8-15.6-19.8	1.92	100	28.9	14.5

注）2003年緑肥播種：5/13、収量調査：7/5
　　平成16年緑肥播種：5/2、すき込み：6/19、ハクサイ播種：9/8、収穫：12/6

前作物が、菌根菌の着生しないソバやテンサイでは後作トウモロコシは低収、菌根菌が増えるトウモロコシやヒマワリでは明らかに多収になる

■ 地上部乾物重　—〇— VA菌根菌感染率

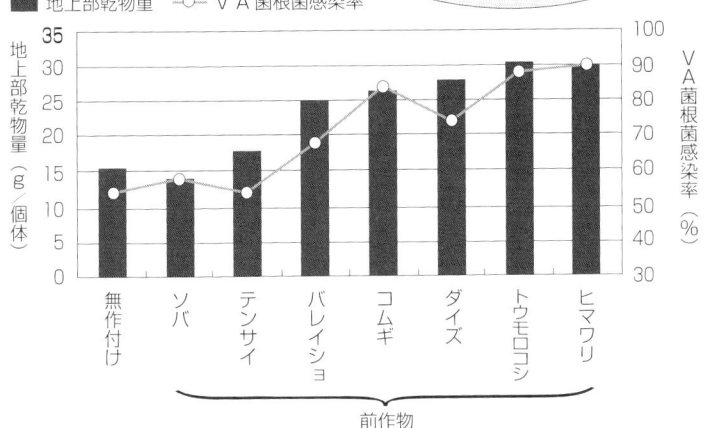

図8　前作物がトウモロコシの生育とVA菌根菌感染率におよぼす影響 （唐澤、未発表）

2 緑肥作物の肥効と減肥効果

Q9 緑肥でリン酸とカリの減肥はできないのですか？

●難しいリン酸減肥とその可能性

リン酸は作物の花や結実に関係する大切な肥料で、不足すると実入りや初期生育が悪くなることで知られています。肥料の中ではもっとも高価で、5年前にリン鉱石が50％以上に値上がりし、肥料高騰の原因となりました。土壌中では動きにくく、効率も悪く、播種時に種子のそばに施用することが大切です。

緑肥作物のリン酸含量はチッソとカリに比べてかなり少なく、減肥が難しいと考えられています。

緑肥作物によるリン酸減肥の手段としては、

① ヒマワリに代表されるようにVA菌根菌と作付け体系を組み合わせる

② ソバやルーピンの根から放出される酸を利用し、アルミニウムや鉄と結合したリン酸を遊離させて利用する→ルーピンの間作緑肥の検討

③ 土壌中の作物が使えないリン酸を溶解できる糸状菌を、緑肥すき込みの分解で増やし、使えるようにする

④ さらに増殖した微生物が生じるリン酸を無機化（遊離）するホスフォターゼを高め、リン酸減肥が可能かをつめてみるなどが紹介されています。

私たちは農水省のプロジェクトでリン酸すき込み量の多い緑肥を選び、その可能性を検討しました。

●ヘアリーベッチをリン酸減肥緑肥として選定

まず100種類以上の植物をリン酸施肥有と無施肥条件で秋播きし、その中でとくに無リン酸条件で生育がよく、リン酸吸量の多いものを選びました。結果は図9のとおりで、ヘアリーベッチのリン酸含量が現在の緑肥作物の中ではもっとも多く、かつ吸収量も多く、無リン酸条件での生育がよいことがわかりました。生収量で3tすき込むと、2.9kg／10aのリン酸がすき込まれ、VA菌根菌も増殖し

リン酸、カリの可給態化

> ●要点BOX●
> ❶リン酸減肥は根に共生する菌根菌や緑肥すき込みによる土壌微生物の活性に期待。ヘアリーベッチはリン酸含量が多く、可能性が大きい。
> ❷カリは基準値以上の畑なら緑肥作物のカリ含量の8割程度は減肥が可能。

ます。

次いで、ヘアリーベッチ4t分をポットにすき込んでイネを栽培し、その減肥効果を化成肥料区と比較しました。いずれの処理区でもヘアリーベッチすき込み区の精玄米重が優れており、化成肥料標準区（10-8-8kg）に比べて多収になり、無肥料のヘアリーベッチ区でも112％、無リン酸区でも111％と化成肥料標準区より多収となっており、リン酸減肥の可能性が示されました。

● カリの減肥は容易

カリは植物体に多く、圃場でもかなり蓄積されているために減肥が可能です。土壌診断に基づきますが、北海道では交換性カリが30mg以上の圃場では緑肥に含まれるカリ含量の8割の減肥が可能としています（表9）。

私たちのヘアリーベッチ圃場でも、カリの土壌診断値が基準値以内なら無肥料栽培でも大きな支障はなく、すき込み圃場ではむしろカリ含量は増えているので、10kg前後の減肥が可能と考えています。

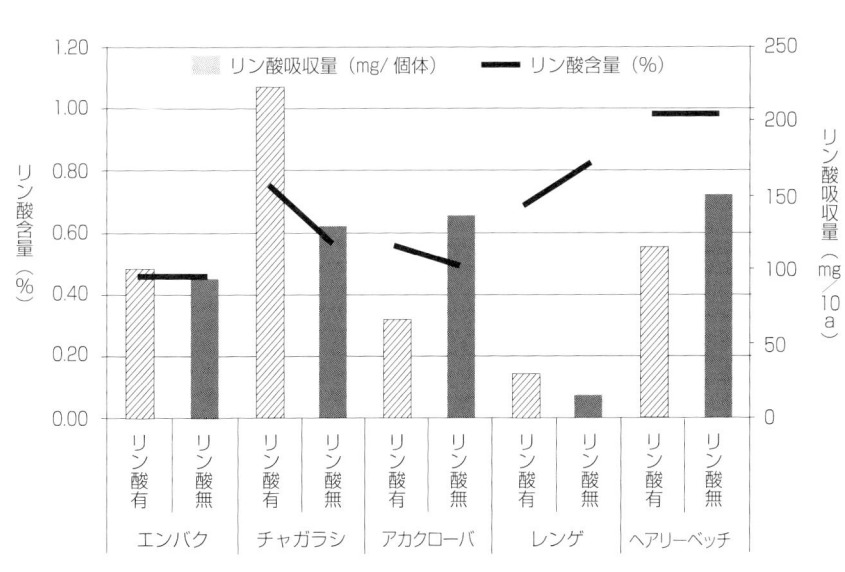

図9 緑肥作物のリン酸含量と吸収量 （雪印種苗、2013）

表9 緑肥すき込みによる後作へのカリ減肥対応 （北海道、2004）

土壌診断区分	交換性カリ （mg/100g土）	施肥対応
基準値以下	15未満	緑肥に含まれるカリは減肥しない
基準値	15～30	緑肥へのカリ施肥量の80％を評価して減肥する
基準値以上	30以上	緑肥に含まれるカリの80％を評価して減肥する

カリは緑肥に多く含まれ、すき込まれると溶出し、減肥ができる。

2 緑肥作物の肥効と減肥効果

Q10 肥料の多投で硝酸態チッソによる地下水汚染が心配です。よい対策はありませんか？

●緑肥ヘイオーツで過剰チッソを吸収させる

埼玉県北部ではネギ、キャベツ、ブロッコリー、ダイコン等の栽培が盛んですが、狭い地域に多量のチッソが流出する問題があります。糞尿、肥料、集落排水を含めると39kg/10a/年と膨大な数字です。これら余ったチッソが地下水の硝酸態チッソの濃度を高め、問題になります。

その対策として、エンバク野生種の「緑肥ヘイオーツ」を休閑緑肥として導入しました。

キャベツを12月中に収穫、緑肥ヘイオーツは翌年の2月中〜3月上旬に播種、5月下〜6月上旬に1番草を、7月上〜中旬に2番草を刈り取り、すき込みは8月上〜中旬（キャベツ定植の25〜30日前）としました。多くのチッソを吸わせるために長期利用としています。

慣行栽培で鶏糞を3t施用すると、作土30cmの濃度が150mg/ℓと異常に高くなり、このチッソが地下水や河川に流亡します。1年後には2mの深さにまで浸透していましたが、3年後には緑肥ヘイオーツの導入で35mg/ℓまで低下し、3年後には8.6mg、4年後には4.6mgと下がり、とくに下層土の濃度が低下しています。このときの緑肥ヘイオーツの根の深さは2mまで伸びていました。

●22.9kgのチッソを吸収、キャベツ2割減肥でも増収

この緑肥ヘイオーツは1番草で生収量3695kg、チッソ吸収量18.9kg、炭素率17.2、2番草は758kg、同4.0kg、同26.2でした。合計で4453kgの有機物と22.9kgのチッソが吸収されています。すき込まれた緑肥ヘイオーツはキャベツ定植後30日で4割の分解が進み、チッソで8.5kg放出され、収穫までに14kg前後放出されています（図10）。

後作のキャベツの収量は表10のとおりです。慣行施肥量はチッソ19.6kg（基肥11.2kg）ですが、緑肥ヘ

緑肥ヘイオーツによる環境保全型農業

--- 要点BOX ---
緑肥ヘイオーツの休閑栽培で過剰なチッソを吸い出せば、主作物は減肥しても増収し、園芸圃場の環境保全にもつながる。

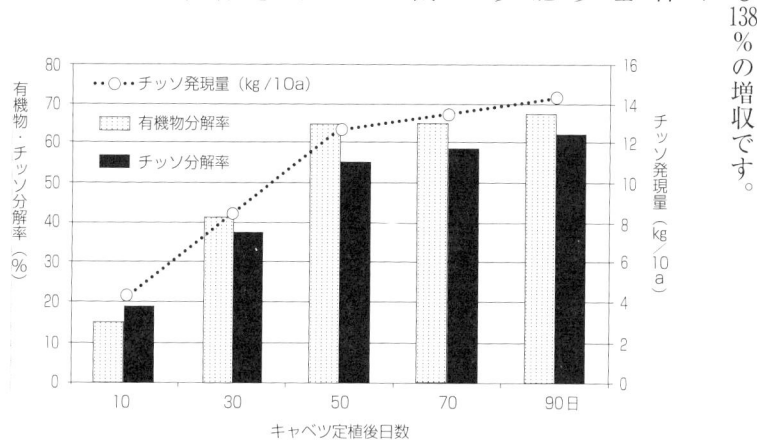

イオーツなしで2割減肥すると91%と低収となり、キャベツの減肥は難しいことがわかります。しかし、緑肥ヘイオーツすき込み後では慣行区に比べ157%も増収、2割減肥しても138%の増収です。

さらに100～120日タイプの肥効調節型肥料（被覆N肥）の全量基肥施肥では同程度の多収が得られ、2割減肥しても145～156%の極多収が得られています。

この肥料の利用で、減肥と10月上旬の追肥の手間が省略できます。

緑肥ヘイオーツは下層土の過剰な硝酸態チッソを吸収、有機物のすき込みと肥効調節型肥料の利用でキャベツの極多収とチッソ減肥が可能になります。

図10 緑肥ヘイオーツの分解率とチッソの放出量（日高、1998）

表10 輪作体系＋緩効性肥料の組み合わせによるキャベツ収量とチッソ利用率の改善（日高、1998）

試験区	処理	結球収量 t/10a	対比 %	チッソ利用率 %
慣行区	無チッソ	0.97	31	
	標準施肥	3.09	100	38.8
	2割減肥	2.82	91	33.9
緑肥ヘイオーツすき込み区	標準施肥	4.85	157	56.1
	同2割減肥	4.26	138	46.7
	被覆N肥	4.62～5.02	150～162	59～77
	同2割減肥	4.48～4.83	145～156	62～80

> 過剰な硝酸態チッソによる地下水汚染をヘイオーツで防ぎ、かつ後作キャベツも157%の極多収に
> ヘイオーツの根は深さ2mまで伸びていた

3 有害線虫を抑える！

Q11 線虫とは何ですか？ 緑肥作物で被害を抑えられる線虫には何がありますか？

線虫の被害について

●じつは土づくりにも一役、その働きはミミズ以上

土壌中には体長が1mm以下の細長い虫が多く住んでおり、線虫（Nematode）といわれています。彼らは口の形で、自活性線虫と寄生性線虫に分けられます。線虫というと悪者のイメージですが、実際はミミズのように有機物を分解しているタイプがはるかに多く（線虫の重量を合わせると有機物で500kg/10aと推測、三枝）、土づくりに役立っています。また、緑肥をすき込んだ後地では、有益な線虫が急速に繁殖して、有機物の分解を行なっています。殺線虫剤を使うと、これらすべての線虫を殺してしまう危険性があります。

●線虫被害の見分け方

植物寄生性の線虫は20種類以上が報告されていますが、園芸作物や畑作物で主なものはネグサレセンチュウ、ネコブセンチュウ、シストセンチュウの三つに分けられ、『北海道病害虫防除提要』（北海道植物防疫協会）の検索表では、次のようになっています。

【根にコブを生ずる…】

コブは小型、コブから小根を多数分枝し、根は入り込む➡キタネコブセンチュウ

根は肥大、または数珠状、小根を分枝しない
➡サツマイモネコブセンチュウ

【根の表面上に白色、黄色、褐色のケシ粒大の粒（雌成虫・シスト）が見られる…】

シストがレモン形、ダイズ、アズキ、インゲンに寄生、葉が黄化し、生育が劣る➡ダイズシストセンチュウ

シストが球形、ジャガイモ、トマト、ナスに寄生、生育が劣り、枯死する➡ジャガイモシストセンチュウ

【根の表面が褐変する…】

各種野菜、畑作物、果樹に寄生し、生育を抑制し、根菜類では品質低下が大きい➡ネグサレセンチュウ類

● 要点BOX ●
❶線虫とは体長0.5〜2mmの土壌や水中に住んでいる線形動物。
❷口針があり植物に寄生するネコブセンチュウ、ネグサレセンチュウ類とダイズシストセンチュウは線虫対抗作物で減らせる。

●気付かないうちに減収、被害は意外に大きい

表11は線虫の被害による減収率を、世界の線虫学会の会員や研究者を対象に聞き取り、Dr.Sasserらがまとめたものです。線虫の被害は気が付きにくく、平均の減収率で、イネ科作物7.7％、畑作物12.7％、野菜15.5％、果樹14.8％となっています。日本で栽培されている作物では、エンバクやオオムギで少なく、イネ10％、トウモロコシ10％、ジャガイモ12％、マメ類で10〜16％です。トマト、オクラ20％とナス17％、ササゲ16％では被害が大きいことがわかります。これらは連作による減収もあり、気が付かない間に被害（減収）が生じているのが実態で、日ごろの防除対策が大切と思われます。

また、線虫の被害は土壌病害と間違えられる場合が多く、代表的なのはアブラナ科の根こぶ病とサツマイモネコブセンチュウ被害の間違いです。確認は専門家が被害根からの線虫の検出や土壌からの線虫の分離で行ないます。最近は一部の農薬会社や農協で線虫密度の計測を有料で行なっています。

＊シスト　雌成虫が卵をもって死亡し、自身の体表が硬くなってできたもの。

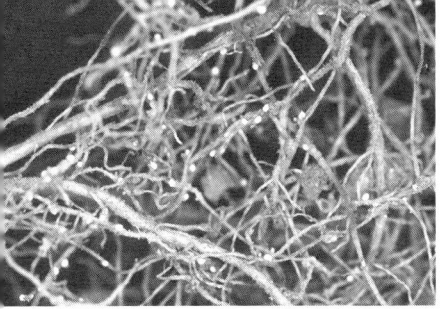

写真11　ダイズシストセンチュウのシスト

> 線虫の被害は気付かないうちに発生する
> とくに野菜に多いのがわかる

表11　植物寄生性線虫による世界の主要作物の減収率（％、Sasser and Freckman を改変、1986）

イネ科作物		畑作物		野菜		果樹	
エンバク	4.2	サツマイモ	10.2	葉菜類	8.2	カカオ	10.2
オオムギ	6.3	ダイズ	10.6	ソラマメ	10.9	ブドウ	12.5
コムギ	7.0	テンサイ	12.0	トウガラシ	12.2	カンキツ	14.2
ライムギ	8.3	ラッカセイ	12.0	ササゲ	16.1	パイナップル	14.9
イネ	10.0	ジャガイモ	12.2	ナス	16.9	パパヤ	15.0
トウモロコシ	10.2	タバコ	14.7	メロン	18.8	コーヒー	15.0
		サトウキビ	16.9	オクラ	20.4	ココヤシ	17.1
				トマト	20.6	バナナ	19.7
平均	7.7	平均	12.7	平均	15.5	平均	14.8

3 有害線虫を抑える！

Q12 なぜ線虫対抗作物が線虫を減らすのですか？

有害線虫の抑制とその機作

対抗作物による線虫抑制は選択的防除法で、農薬のように一網打尽にできないため、その効果も当初の5～10％の抑制率です。しかし、有機物すき込みによる土づくりと普段からの防除ができる利点があります。

● 幼虫を根に取り込んで減らす

線虫をとくに減らす緑肥を線虫対抗作物と呼びます。マリーゴールドが有名ですが、これは根から殺線虫物質のα-テルチエニルを出し、有害線虫を殺しています。これに対し多くの線虫対抗作物は幼虫を根に取り込んで、その成虫が産卵するまでの成長過程を阻害、もしくは死滅させることで減らします。つまり、根の中に卵がほとんど形成されない系統が選ばれ対抗作物として商品化されているのです。

対抗作物ではまず線虫を捕まえる根が豊富なことが求められますが、それぞれの線虫ごとに、例えばネコブセンチュウ対抗作物の開発では根にコブができない系統の選抜が、ダイズシストセンチュウ対策ではシスト（卵）からふ化させ、幼虫を殺すマメ科植物からの選抜がポイントになります。

また、ネグサレセンチュウ対策では、雑草の根に線虫が逃げるとそこで増殖して防げないので、雑草の少ないきれいな圃場管理が必要です。

● エンバク野生種はネグサレセンチュウ対策に抜群

キタネグサレセンチュウは幼虫が雌・雄成虫に発育する過程で、植物の根と土壌を行き来して被害を大きくします。また、キタネコブセンチュウは2期幼虫が植物の根の先端に侵入、雌成虫が、卵が入った卵のうを形成して一生を終え、被害を大きくします（図12-1）。

北海道の中央農試は、北広島町のキタネグサレセンチュウの汚染圃場で、エンバク野生種の「緑肥へイオーツ」、緑肥用エンバク、マリーゴールドを春播きと夏播きで栽培し、後作ダイコンの商品化率を検討したところ、緑肥へイオーツ

要点BOX
- ❶線虫をとくに減らす作物を対抗作物といい、多くは線虫を根に取り込んで発育を抑制、死滅させるか、卵の形成を少なくして減らす。
- ❷マリーゴールドは根から殺線虫物質を出して抑制。

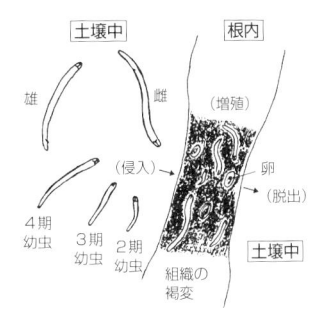

がマリーゴールド並みに100％（緑肥用エンバクの商品化率0％）であったため、1991年に北海道の普及奨励事項に認定しています。

山田は緑肥用エンバクと緑肥ヘイオーツとの違いを詳細に調査しました（図12-2）。5月7日に緑肥を播種、この時点で約40頭／土25gのキタネグサレセンチュウが検出されました。6月17日にはどちらの緑肥の根にも線虫が侵入したため、土壌中の線虫密度は約10頭に低下しています。その後、緑肥エンバクでは線虫が土壌と出入りし、根内で増殖、土壌中でも増加しました。

しかし、緑肥ヘイオーツでは線虫の発育と産卵が抑えられ、根内線虫密度は100頭／根gと明らかに低下しています（写真12）。この結果、線虫が減り、被害が抑制されるのです。

図12-1 線虫の生活環（『北海道病害虫防除提要』2004年刊から引用）

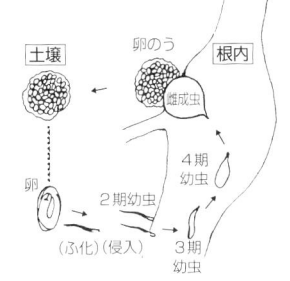

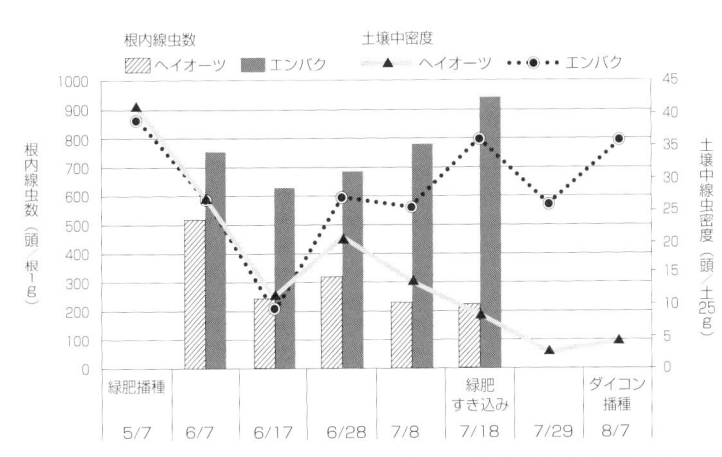

ネグサレセンチュウの生活環　　キタネコブセンチュウの生活環（雌）

図12-2 緑肥ヘイオーツと緑肥用エンバクにおけるキタネグサレセンチュウの消長比較（春播き）（山田、1996）

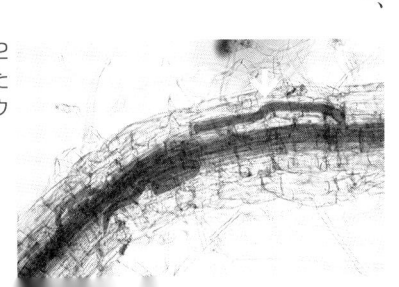

写真12
緑肥ヘイオーツの根に侵入した
キタネグサレセンチュウ

3 有害線虫を抑える！

Q13 線虫の被害だと思われますが、どの緑肥作物を使えばよいかわからないのですが？

線虫ごとに最適対抗作物を選ぶ

●各線虫の被害作物

線虫の同定は被害箇所からの線虫の抽出で決まりますが、自信がない場合、被害作物を専門家に見てもらってください。主な線虫の被害作物は以下のとおりです。

キタネグサレセンチュウ…ダイコン、ニンジン、ナガイモ、ゴボウ、ジャガイモ、マメ類などほとんどの作物です。根菜類では被害後に黒いシミ（斑点）ができます。アズキやジャガイモでは線虫が100頭／土25g以上だと、収量が低下します。

キタネコブセンチュウ…ニンジン、ゴボウの産地での被害が大きく、マメ類、ナス科野菜、テンサイ、イチゴにも寄生します。被害根は先端が分枝し、異形になります（53ページ写真21-1）。マメ科はこの線虫の増殖作物です。ネコブセンチュウの雌成虫は数百の卵が入った卵のうを形成します。

サツマイモネコブセンチュウ…ナス、トマト、ピーマン、キュウリ、スイカ、タバコ、ジャガイモ、サツマイモなど、府県でもっとも被害が多い線虫です。被害根にはコブができ、極低収、最悪の場合には枯死します。北海道の露地では越冬できません。

ミナミネグサレセンチュウ…サトイモの被害が代表的で、ジャガイモ、サツマイモ、ダイズなどにも被害が発生、九州でよく発生します。

ダイズシストセンチュウ…ダイズ、菜豆、アズキに発生、根にシストを形成します。被害の出

種期（関東地方平坦地）		
春播き	夏〜秋播き	越冬利用
	8下〜9中	10中〜11上
上〜6上	（草生栽培）	9下〜12上
	9中〜10中	
	8下〜9上	
	8下〜9上	
中〜8中		
中〜8中		
上〜8上		
下〜7中		

要点BOX
❶被害状況を作物の根をよく見て確認。❷線虫頭数は土壌サンプルか被害箇所から線虫を抽出し、同定。主作物、効果、休閑条件などから最適な対抗作物を選定する。

た植物はスポット状に黄色化し、減収します。一度発生すると、シストの寿命は10年弱です。

● 安価で手軽、有機物もすき込める対抗作物

野菜の産地のほとんどが連作障害に悩み、線虫の被害は全国平均で16％にも及んでいます。北海道でもキタネグサレセンチュウの被害が大きく、ジャガイモや豆類では減収の報告が出ています。

主な対抗作物を表13に示しました。その効果は農薬にはおよびませんが、特定の線虫のみ退治でき、価格は農薬の半分以下で扱いやすい、有機物のすき込みで土づくりができる等の利点があります。

線虫抑制効果を得るには一般に2ヵ月以上を要し、すき込み後、腐熟期間20～30日間が必要です。この期間を休閑しなければいけませんが、主作物を主体にどの品種が栽培できるか、線虫抑制効果と緑肥の播種期を見て決めてください。

表13　線虫対抗作物と対応線虫

品種	作物	対応線虫							播種量 (kg/10a)	早春播
		キタネグサレ	ミナミネグサレ	キタネコブ	サツマイモネコブ	アレナリアネコブ 本州	アレナリアネコブ 沖縄	ナンヨウネコブ	ジャワネコブ	ダイズシスト		
緑肥ヘイオーツ	エンバク野生種	◎	◎	○							10～15	3上～5
R-007	ライムギ	◎		○							10～15	3上～4
くれない	クリムソンクローバ									◎	2～3	3上～4
たちいぶき	エンバク				○	○		○			8～10	
スナイパー（A19）	エンバク				○	○		○			8～10	
ねまへらそう	スーダングラス	◎		○	△	△	○	○	△		5	
つちたろう	ソルゴー				○	○		○			5	
ソイルクリーン	ギニアグラス	◎	○	○	○		○	○			1.0～1.5	
ネマキング	クロタラリア			◎	△	△	○	○	◎		8～9	

注1）緑肥ヘイオーツ、R-007、くれないの線虫抑制効果は北海道農政部と雪印種苗の結果による。◎は後作の検定が終わり、学会等で公表されているもの。
注2）R-007の春播きはカバークロップ利用で、播種量は15kg。
注3）キタネコブセンチュウのイネ科作物には非寄主作物で、栽培後これを減らすので○印とした。無印：無試験または効果なし
注4）その他のネコブセンチュウの抑制効果は九沖農研の4種類のレースについて各1頭ずつ接種したポット試験による（有害線虫総合防除技術マニュアル：九沖農研）。
注5）△印のうち、サツマイモネコブセンチュウの説明は以下のとおり。
　　ねまへらそう：佐賀、長崎、熊本県で多いSP1に効果が劣るので注意する。
　　ネマキング：沖縄に多いSP4に効果が劣るので注意する。

3 有害線虫を抑える！

Q14 短期の休閑や後作利用ができるキタネグサレセンチュウの対抗作物を教えてください

●緑肥ヘイオーツが手軽で最適

北海道の十勝農試では畑作地帯におけるキタネグサレセンチュウの実態を明らかにして、ニンジン、ゴボウ、ナガイモの安定生産を提案しています。

その中で、緑肥ヘイオーツのみがキタネグサレセンチュウ密度を0.3頭／土25gと減少させ、ニンジンでは裂根と黒色斑点病の発生が少なく、殺線虫剤を使用しなくても、品質、収量は高くなったとしています（表14‐1）。

また、感受性のゴボウは、休閑緑肥では奇形根5％以内で薬剤は不要でしたが、後作緑肥では殺線虫剤が必要になること、ナガイモでは薬剤処理との併用で収量が106％と増収し、褐色斑点病を半減できたとしています。

これらのことから緑肥ヘイオーツを対抗作物として有望と認めています。ただし、播種を8月10日までに行ない、収量を3t（草丈80cm程度）確保する必要がある、としています。

●府県でもやはり緑肥ヘイオーツが多収で効果大

青森県の（産技セ）野菜研究所では緑肥ヘイオーツとマリーゴールド、ソルゴーを比較し、後作にダイコンを栽培、キタネグサレセンチュウの防除試験を行なっています（表14‐2）。結論は、緑肥ヘイオーツの線虫密度低減効果はマリーゴールドには劣るものの、ダイコンの被害を明らかに軽減させるものです。栽培前の土壌の線虫密度が土25g当たり2頭前後であれば、その被害は25程度（可販割合で8割弱）。このような圃場での積極的な栽培が勧められています。

広島県の試験でも緑肥ヘイオーツはハブソウ、マリーゴールドの2倍の収量で約2tが確保でき、後作のダイコン播種時の線虫密度が1頭と、もっとも優れていました。ダイコンの生育・収量とも良好で、秀品率も90％に向上しています（無処理は48％）。ただし、緑肥ヘイオーツは5月上〜中旬に播種、7

キタネグサレセンチュウ対抗作物（短期休閑と後作利用）

要点BOX
キタネグサレセンチュウ対抗作物（短期休閑と後作緑肥）でお勧めはエンバク野生種「緑肥ヘイオーツ」。

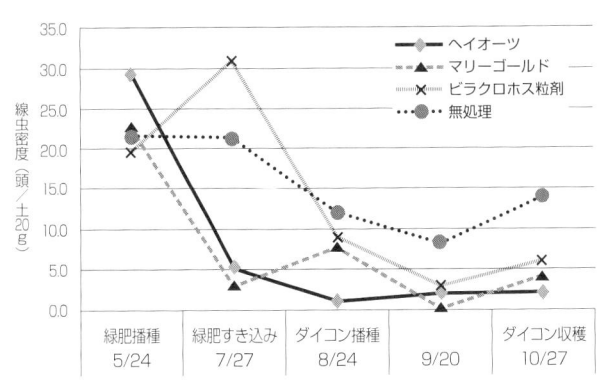

図14 キタネグサレセンチュウ密度推移
（広島県農技センター、1996）

月中〜下旬のすき込み、夏ダイコンは8月上〜下旬播種の栽培体系となっており、60日の栽培と20日の腐熟期間の設定が必要とされています。

＊被害度　被害の程度を4〜5段階程度に分け、それぞれの発生数を加重平均した値。

表14-1　前作の違いとニンジンの生育および障害発生の関係（十勝農試、2003）

前作	品種	収穫時の根重（g／株）	裂根発生率（％）	黒色斑点症（発病度）	後地の線虫密度（頭／土25g）
エンバク野生種	緑肥ヘイオーツ	135	4	0	0.3
テンサイ	マイティ	127	6	14	5
コムギ	ホクシン	136	8	7	7
バレイショ	男爵薯	137	10	21	23
サイトウ	福勝	141	15	48	33
ダイズ	トヨムスメ	145	20	38	37
スイートコーン	ジュビリー	142	22	55	43
アズキ	エリモショウズ	149	23	41	48

注）1998〜2000年の平均値である。

表14-2　緑肥ヘイオーツのキタネグサレセンチュウ密度低減効果と後作ダイコンの被害程度
（青森県産技セ・野菜研（旧畑園試）、2003）

緑肥栽培期間	緑肥	線虫密度		ダイコン		
		播種前（頭／土25g）	減少率（％）	播種前（頭／土25g）	被害根率（％）	可販割合（％）
5/1〜7/5	緑肥ヘイオーツ	19.4	63.4	2.3	76.7	79.2
	マリーゴールド	19.3	89.1	1.0	46.7	98.9
	ダイコン連作	29.0	15.5	37.1	100.0	1.1
7/17〜9/19	緑肥ヘイオーツ	21.4	29.4	7.5	78.3	78.3
	ソルゴーA	10.7	57.0	9.4	91.7	56.7
	ダイコン連作	37.1	8.6	12.9	95.0	18.3

注）表中の数字は、3反復の平均値。
被害度＝｛（5×甚＋4×多＋3×中＋2×少＋微）／（5×調査根数）｝×100
　無：被害は全くない、微：ごくわずかに白斑が認められる（1〜2個）、
　少：わずかに白斑が認められる（3〜5個）、中：一見して白斑が認められる（6〜15個）、
　多：根部全体に白斑が認められる、甚：根部全体に多数の白斑が見られる
可販割合は、被害程度少（白斑数＜6）以下を可販品とした場合の根数比。

3 有害線虫を抑える！

Q15 積雪地帯で使えるキタネグサレセンチュウ対抗作物について教えてください

●越冬後に線虫を抑制

「緑肥ヘイオーツ」は積雪地帯での越冬利用が難しいので、ライムギからの対抗作物の開発をする中で、注目されたのが「R-007」です。汚染土壌を詰めたポット試験ではほとんどのライムギが線虫を増やしましたが、R-007のみが土壌中の線虫を減らし、根内の卵率が低いことがわかりました。

その後、9月27日に長沼町の試験圃場に播種し、線虫の推移を見ながら、6月12日にすき込みました。ライムギ播種時の土壌中の線虫頭数は39頭／土25gでしたが、播種1カ月後には線虫が根に侵入し、土壌中の線虫密度は15頭に低下、その密度低下は市販種Aと大差がなく、積雪を迎え、越冬後は5頭以下になりました（図15）。

R-007の根に侵入した線虫は発育が阻害され、越冬後（翌春）の根1g当たりの根内雌成虫は18頭と、市販種Aの半分、根1g当たり根内卵数も44個と、明らかに少なくなっています（表15）。

後作ダイコンの線虫の被害を示す根腐れ指数は、R-007が46.7で、商品化率は86.7％よりは高く、市販種Aの根腐指数60.8と商品化率56.7％よりは明らかに優れていました。府県でも緑肥ヘイオーツに準じた抑制効果が得られ、実用的にも有効性が確認されています。

●出穂せず、リビングマルチとしても使える

神奈川県の三浦市では、春播きではほとんど出穂しない特性を活かして、ダイコンやキャベツ後にR-007を5～6月に播種し、リビングマルチ利用による雑草抑制と線虫抑制の二つを狙った、現地試験が進められています。緑肥ヘイオーツに比べて出穂が明らかに少なく、穂刈りの必要がありません。管理に手がかからず線虫抑制ができる、新しいカバークロップ緑肥として、現地では好評です（写真15）。梅雨を過ぎると地際から枯れていき、すき込みも楽です。

キタネグサレセンチュウ対抗作物（積雪地帯）

> **●要点BOX●**
> 越冬利用が可能なライムギ「R-007」は、府県の5月播きで出穂が少なく穂刈り不要。管理に手がかからず線虫抑制ができる、キタネグサレセンセンチュウを減らすカバークロップ緑肥。

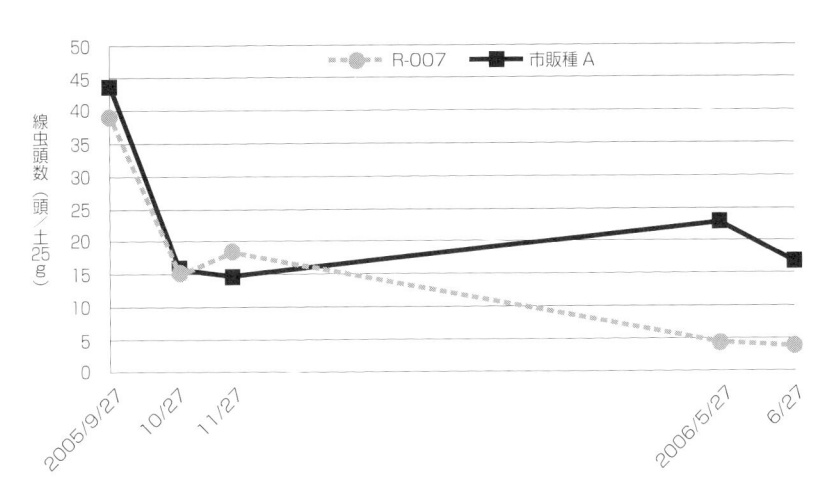

図15 ライムギ（R-007）のキタネグサレセンチュウ抑制効果（雪印種苗、2005～06）

表15 ライムギ（R-007）のキタネグサレセンチュウ抑制効果とダイコンの被害
（雪印種苗、2005～06）

品種	卵率(10/26)(%)	卵率(11/17)(%)	越冬後の根の調査		ダイコンの被害	
			雌成虫（頭/g）	卵（個/g）	根腐指数	商品化率（%）
R-007	4.9	8.5	18	44	46.7	86.7
市販種A	14.5	13.1	36	102	60.8	56.7

注）卵率はライムギの根の中の卵数を総線虫数で割った値。

写真15 ライムギ（R-007）の根張りとカバークロップ栽培（三浦市）

R-007は5月に播種すると出穂せずマルチ利用で線虫対策が可能（左）。根張りに優れ（右）、積雪地帯でも使える

3 有害線虫を抑える！

Q16 府県で休閑利用ができるキタネグサレセンチュウなどの線虫対抗作物について教えてください

キタネグサレセンチュウ対抗作物（府県の休閑利用）

●「ナツカゼ」と「ソイルクリーン」

ギニアグラスの「ナツカゼ」がキタネグサレセンチュウを減らすことが九沖農研で明らかにされたのを機会に、私たちもギニアグラスを蒐集し、ナツカゼ以上に生育が旺盛で多収のギニアグラス「ソイルクリーン」を開発しました。暖地型牧草のギニアグラスは生育旺盛で、酪農分野では乾草利用されています。耕畜連携で1～2番草をエサに提供し、堆厩肥と交換、根圏で線虫を減らし、秋に3番草と株と根をすき込むことも可能です。

千葉県でも、ソイルクリーンの線虫抑制効果はナツカゼ並みであることを確認、現地ではネグサレ・ネコブセンチュウ対策を目的にニンジンやサツマイモの畑に利用されています。

ただ、ギニアグラスの種子には休眠しているものがあり、ジベレリンで休眠打破処理を行ないます（0.5％種子浸漬）。また、発芽に約3週間を要し、初期生育が遅いので、雑草対策に気を付けなければいけません。例えば、砕土・整地した後、先に雑草を生やし（2週間が目安）、除草剤を散布してから播種すると、きれいなスタンド（発芽後に定着した数）が確保できます。

種子が細かいので、覆土を浅めにし（0.5～1cm）、レーキで表土を撹拌したら発芽が改善されます（ちなみにナツカゼにはこれらの対策のため、コーティング種子が用意されています）。また、ギニアグラスは出穂・結実すると雑草化するので、出穂期を過ぎたら早めにすき込みます。

●晩生のスーダングラス「ねまへらそう」

このようにソイルクリーンは播種とスタンドの確保が面倒です。そこでソルゴー類のスーダングラスから「ねまへらそう」を開発しました。ねまへらそうはギニアグラスより種子が大きく、播種量も5kg／10aと多く、発芽・初期生育の問題や雑草化の心配があり

● 要点BOX ●
府県で利用できるキタネグサレセンチュウ対抗作物には、スーダングラスのねまへらそう、ギニアグラスのソイルクリーン、ナツカゼ、マリーゴールドのエバーグリーン、アフリカントールがある。

ません。晩生品種のため、酪農家のロールベールサイレージには最適で、年7～8ｔの生産できます。根部で線虫を減らす一方、耕畜連携で茎葉をロールベールサイレージに調製し、堆厩肥と交換する方法も可能です。

線虫抑制効果は、私たちの試験（千葉市）ではソイルクリーンに準じています。6月18日播種では「緑肥ヘイオーツ」以上の効果で、根内線虫が少なくなっています（表16）。緑肥ヘイオーツの播種期は5月いっぱいで、6月になると生育が劣り、ねまへらそうやソイルクリーンが優れてきます。気温が低い北海道（長沼町）では緑肥ヘイオーツと効果に大差なく、とくに根内線虫数が少なくなっています。

● 「アフリカントール」「エバーグリーン」

マリーゴールドの「アフリカントール」は緑肥ヘイオーツを比較され、雑草の管理や育苗の問題がありますが、その線虫抑制効果は優れており、北海道の七飯町では景観緑肥としても普及しています。

最近は、花の咲かないマリーゴールド「エバーグリーン」がタキイ種苗から開発され、花が咲かないので、オオタバコガの幼虫の餌虫がつかず、株の老化が遅いためカバークロップとしても好評です。

表16 ねまへらそうのキタネグサレセンチュウ抑制効果 (雪印種苗、2003～04)

品種	千葉研究農場			北海道研究農場		
	土壌中線虫密度		根内線虫数 (頭/根1g)	土壌中線虫密度		根内線虫数 (頭/根1g)
	播種時 (頭/土25g)	すき込み時 (頭/土25g)		播種時 (頭/土25g)	すき込み時 (頭/土25g)	
ねまへらそう	145.0	26.5	60	80.7	7.0	48
緑肥ヘイオーツ	120.3	41.2	227	68.3	5.7	154
ソイルクリーン	115.7	11.0	88	―	―	―
緑肥用エンバク	―	―	―	78.3	49.7	544

注）栽培期間は千葉研究農場が6/18→8/19、北海道研究農場が5/18→8/5。

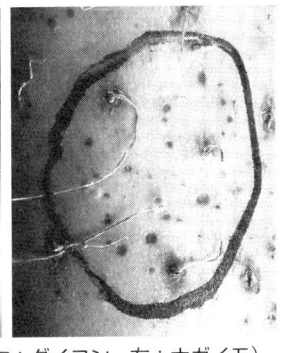

写真16 キタネグサレセンチュウの被害（左：ダイコン、右：ナガイモ）

3 有害線虫を抑える！

Q17 サツマイモネコブセンチュウの対抗作物について教えてください

●「つちたろう」か「ソイルクリーン」

線虫汚染圃場に6種の対抗作物を5月28日から9月10日まで栽培、翌年にニンジンを作付けて、サツマイモネコブセンチュウの密度、後作ニンジンの被害と収量の関係を調査した試験があります（中央農研、表17）。

各対抗作物の生収量は「つちたろう」（ソルゴー）の12.5t/10aが最大で、「ソイルクリーン」（ギニアグラス）が6.1t/10aを確保し、秋口に圃場にすき込まれました。線虫密度は、休耕区を100とした補正値ではつちたろうが15ともっとも抑制し、ソイルクリーン115、「ナツカゼ」（ギニアグラス）149の結果でしたが、いずれも増殖比は0.5以下と線虫を減らしています。

翌年の後作ニンジンの総収量は、対抗作物区が有機物施用の影響でいずれも多収、休耕区に比べて、つちたろうは123％とソイルクリーンやナツカゼを上回っています。根こぶ指数では、つちたろうが休耕

区対比で60％ともっとも被害が少なく、その効果は翌年まで続きました。ソイルクリーン後ではとくに一本重が多収でした（2004年）。

●レースを確認して最適品種を選ぶ

九沖農研の試験では、サツマイモネコブセンチュウには九つのレース（被害場所で対抗作物により効果が異なる）が存在し、すべてのレースに効果があったのはつちたろうとソイルクリーン、ナツカゼとスナイパー（エンバク）だけでした（表13）。レースの確認後に最適品種の選定が必要です。

●ソイルクリーンとつちたろうの使い分け

両者の使い分けですが、粗大有機物を確保する場合、除草剤を使って雑草対策を行なう場合、酪農家とサイレージ利用を考える場合にはつちたろうがお勧めです。ソイルクリーンはネグサレセンチュウ対策も期

**サツマイモ
ネコブセンチュウ
対抗作物
（休閑利用）**

> **要点BOX**
> ❶サツマイモネコブセンチュウは府県が主体。北海道では露地で越冬できないので、施設ハウスのみ問題になる。❷対抗作物は、つちたろう（ソルゴー）、ソイルクリーン、ナツカゼ（ギニアグラス）、ネマコロリ、ネマキング（クロタラリア）、エバーグリーン、アフリカントール（マリーゴールド）など。

表 17　対抗植物等栽培によるサツマイモネコブセンチュウ密度の抑制効果と後作ニンジンの被害と収量（水久保らの表を一部改変、2004）

品種	5/28 播種前 (頭/±20g)	10/9 収穫時 (頭/±20g)	補正密度指数 (%)	後作ニンジン				
				総収量 (g/区)	比 (%)	1本重 (g/本)	根こぶ指数	対比 (%)
つちたろう	15.1	0.8	15	2410	123	100	19.8	60
ソイルクリーン	5.3	2.1	115	2145	110	134	37.5	114
ナツカゼ	4.3	2.2	149	2163	111	90	25.0	76
アフリカントール	6.3	5.3	245	2190	112	91	28.6	87
スーダングラス	4.9	4.3	255	2313	118	96	23.4	71
ソルゴー	2.3	7.4	936	2557	131	107	34.4	105
休耕区	9.6	3.3	100	1957	100	82	32.8	100
ナス	3	231	22400					

線虫対抗作物で後作ニンジンが増収に
多収を得るにはソイルクリーンよりつちたろうがよい

待する場合、酪農家が乾草利用を希望する場合、ソルゴー連作の忌地対策にお勧めですが、生育初期の雑草対策や結実すると雑草化するので注意が必要です。

写真 17　「つちたろう」（左）と「ソイルクリーン」（右）

3 有害線虫を抑える！

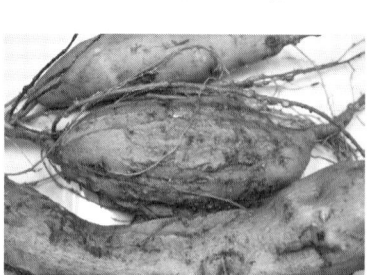

Q18 サツマイモの早掘り後や露地のウリ類の有効な対抗作物について教えてください

サツマイモネコブセンチュウ対抗作物（府県の後作利用）

●九沖農研と開発した極早生エンバク

九州のサツマイモ後の線虫対策のために、飼料用としても利用できる極早生エンバク「スナイパー（A19）」を九沖農研と共同開発しました。線虫抑制効果は従来の対抗作物品種に比べ、耐病性と耐倒伏性に優れています。

九沖農研で行なわれた試験では、汚染圃場に2009年9月15日に3種の対抗作物を播種、翌年1月20日にすき込みました。

試験した中ではスナイパー栽培後の線虫頭数が28.6頭/土20gともっとも少ない結果でした（表18）。とくに根の中の卵のう数（卵が入っている袋）の個/g根と、従来の対抗作物たちいぶきよりも明らかに少なく、飼料用エンバク「はえいぶき」ではむしろ増殖が認められています。

4月に入り、サツマイモ「宮崎紅」を栽培、8月31日に収穫しましたが、スナイパー栽培後のサツマイモ収量は最多収となり、被害が少ない塊根収量は無栽培の188％と極多収になっています（写真18-2）。

●被害が発生してから播種できる

スナイパーを導入できる被害作物は露地栽培が適し、早掘りのサツマイモか、関東地方でも夏場に被害が発生する露地のトマト、キュウリ、スイカなどが対象です。

スナイパーは被害が生じてから播種できる対抗作

写真18-1
サツマイモネコブセンチュウによる被害
（九沖農研提供、品種：高景14号）
減収に加え品質の低下が避けられない。挿苗期に多発すると活着不良、枯死、欠けとなる

● 要点BOX ●
府県で後作利用できるサツマイモネコブセンチュウ対抗作物は、エンバク極早生種スナイパー（A19）、「たちいぶき」。

表 18 スナイパーの栽培によるサツマイモネコブセンチュウの抑制効果と後作サツマイモ（宮崎紅）の被害と収量（九沖農研、2009～10）

エンバク種類	ネコブセンチュウ 2期幼虫/土20g				比(%)	卵のう数/根g	サツマイモ収量(g/株)		
	エンバク播種前(前年9/15)	エンバクすき込み時(翌年1/20)	サツマイモ挿苗期(4/23)	サツマイモ収穫期(8/31)		エンバクすき込み時(1/20)	50g以上/個(g)	被害無～微(g)	比(%)
スナイパー	43.2	28.6	8.1	251.4	56	0.07	1039	518	188
たちいぶき	39.6	30.3	5.7	318.3	71	0.21	878	427	155
はえいぶき	57.7	67.2	3.8	749.0	168	7.84	887	374	136
無栽培	54.1	41.9	5.2	445.2	100	－	868	275	100

スナイパーはサツマイモネコブセンチュウの被害が出てから9月上～下旬に播種できるエンバク

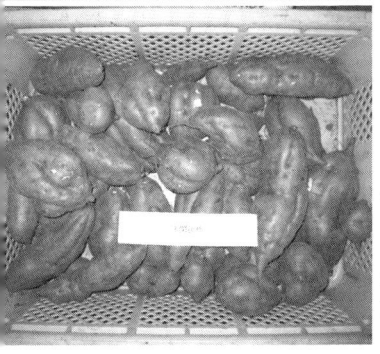

写真 18-2
スナイパー栽培後のサツマイモ
（九沖農研提供）

被害軽度の収量比は無栽培（下）100％に対して、スナイパー（左上）188％、はえいぶき（右上）136％

物ですが、播種期が九州では9月上～下旬、関東地方では1週間程度早く、播種期が狭いので注意してください。すき込みは翌年の出穂期までに行ない（12月～翌年1月）、播種量は10kg／10a前後です。

❸ 有害線虫を抑える！

Q19 ダイズシストセンチュウの被害と対抗作物について教えてください

ダイズシストセンチュウ対抗作物

●アカクローバかクロタラリアで

農研機構の中央農研は、アカクローバとクロタラリア・ジュンシア、それとクロタラリア・スペクタビリスがダイズシストセンチュウ密度の低下に有効であることを報告しています。これらを栽培すると、初年目の補正密度ではいずれも卵数が半分になっています。翌年にダイズを栽培したところ収穫時の卵数は、スペクタビリス（例：ネマキング）がとくに少なく、これら3草種が明らかに減っています（表19‑1）。

東京都ではエダマメのダイズシストセンチュウ対抗作物の試験を行なっています。その結果から、クリムソンクローバ「くれない」の秋播きが後作エダマメの生育もよく、同線虫の卵密度が低い条件では対抗作物としての可能性が考えられました。

●「くれない」なら線虫抑制＋収量増、景観美化も

私たちは、北海道の鵡川町（現むかわ町）で以下の試験を行ないました。

「くれない」他3種の緑肥とダイズシストセンチュウに抵抗性のダイズ「スズヒメ」と感受性のダイズ「スズマル」を5月上旬に栽培、翌年もう一度「すずまる」を作付け、対抗作物の効果を確認しました（表19‑2）。その結果、後作ダイズ播種時の卵密度はくれないが4.0ともっとも少なく、次いでアカクローバ、ダイズのスズヒメ、ヘアリーベッチの「まめ助」が少なく、スズマル、「緑肥ヘイオーツ」ではむしろ増えています。収穫時のシストの着生もくれないとスズヒメがとくに少なくなっています。

後作スズマルの収量は、抵抗性ダイズのスズヒメを100とするとくれないが109％、まめ助が108％と多収となっていますが、ダイズシストセンチュウが増えた緑肥ヘイオーツとスズマルの後では、百粒重も小さく、極低収になっています。

これらのことから、私たちは従来のアカク

要点BOX
❶ダイズシストセンチュウの主な被害作物はアズキ、菜豆、ダイズ、エダマメ。❷対抗作物はアカクローバの休閑利用か、春播きのクリムソンクローバ（くれない）、府県では夏播きのクロタラリアで。

写真19 ダイズシストセンチュウ対抗作物のくれない（クリムソンクローバ）

ローバ（休閑利用）よりもクリムソンクローバのくれないを、2カ月程度で短期すき込みができる最良のダイズシストセンチュウ対抗作物として選びました。

くれないは春播きの一年生のクローバで、深紅の花がとてもきれいなので、景観美化にも好評です。府県では早春（3月頃）に播種します。

表19-1 対抗作物の栽培がダイズシストセンチュウにおよぼす影響（相場ら、2002）

作物	品種（例）	対抗作物			後作ダイズ		
		初期（卵数/g土）	収穫時（卵数/g土）	補正密度（％）	初期（卵数/g土）	収穫時（卵数/g土）	補正密度（％）
感受性ダイズ		13.5	57.7	715	12.1	214.8	13
クロタラリア・ジュンシア	ネマコロリ	33.4	11.6	58	4.2	63.4	11
クロタラリア・スペクタビリス	ネマキング	16.3	6.2	64	1.6	42.8	20
アカクローバ		19.7	6.6	57	1.2	63.5	40
抵抗性ダイズ		19.7	4.9	42	1.5	96.9	49
裸地		11.5	4.7	100	1.4	186.3	100

表19-2 ダイズシストセンチュウ汚染圃場での緑肥栽培後の後作ダイズの収量（鵡川町、2001）

前作	作物	播種時の卵密度（卵/乾土1g）	シスト着生指数	茎長（cm）	莢数	子実重（kg/10a）	比（％）	千粒重（g）
はるかぜ	アカクローバ	5.5	17.5	46	24	80	60	93
くれない	クリムソンクローバ	4.0	12.5	52	30	145	109	110
まめ助	ヘアリーベッチ	7.8	15.0	49	28	144	108	108
スズヒメ	抵抗性ダイズ	7.7	10.8	49	31	133	100	106
スズマル	感受性ダイズ	36.7	62.7	37	8	30	23	83
ヘイオーツ	エンバク野生種	19.8	45.0	38	10	24	18	83

注）緑肥シスト着生指数＝（Σ（階級値×当核個体数）／（調査個体数×4））×100

ダイズシストセンチュウ対策には前年秋から春播きのくれないか、6月播きのクロタラリアで対応

3 有害線虫を抑える！

Q20 ミナミネグサレセンチュウの対抗作物があれば教えてください

●有望なのはネマキング、緑肥ヘイオーツなど

ミナミネグサレセンチュウの被害は九州のサトイモに多く発生し、対抗作物は休閑しないと導入できないのが実情です。

鹿児島県では、8種類の緑肥と石灰チッソ処理を行ない、サトイモのミナミネグサレセンチュウ対策としてギニアグラス（品種不明）、セスバニアの「田助」とクロタラリアの「ネマコロリ」「ネマキング」を有望としています（図20）。

宮崎県ではクロタラリアのネマキングを有望と認め、3カ年の栽培を行ない、後作で栽培したサトイモの被害を検定しています（表20）。ネマキングは、対抗作物とされるラッカセイ以上の線虫抑制効果があり、根内線虫数は7頭、土壌中でも3頭ともっとも少ない結果です。後作のサトイモの被害も3.3％ともっとも少なく、対抗作物として優れていました。

私たちの試験でも「緑肥ヘイオーツ」とネマキングの雌成虫（卵のう有）数がとくに少なく、有望で した（図21参照）。ただ緑肥ヘイオーツは圃場試験も行ない、よい成績が得られていますが、サトイモは栽培期間が長く、休閑が必要です。

要点BOX
ミナミネグサレセンチュウにはネマキング、緑肥ヘイオーツが有効。

ミナミネグサレセンチュウ対策

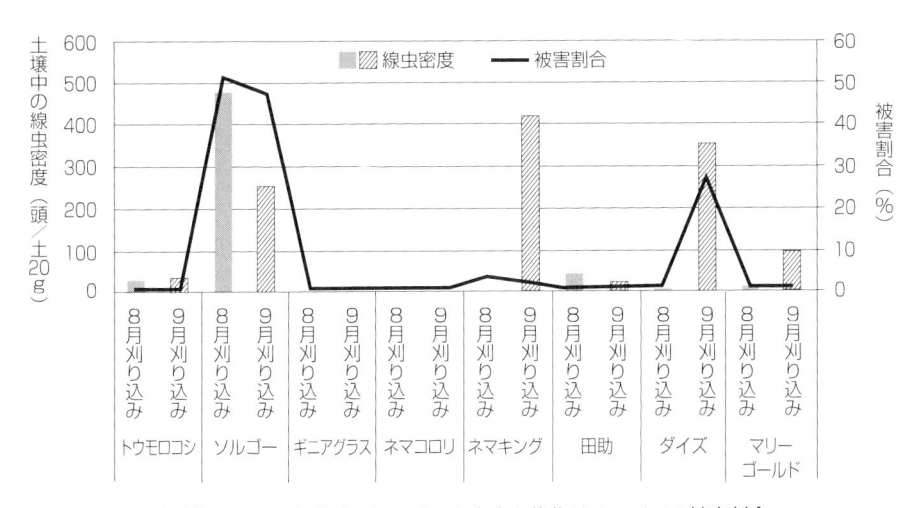

図20 緑肥栽培後のミナミネグサレセンチュウ密度と後作サツマイモの被害割合
（鹿児島県農業開発総合センター大隈支場、1996）

表20 ネマキングのミナミネグサレセンチュウ抑制効果とサトイモの被害率 （宮崎県、未発表）

作物	1964年線虫頭数		1965年線虫頭数（土壌）			サトイモの被害率(%)
	根内(頭/土1g)	土壌(頭/土20g)	6月(頭/土20g)	9月(頭/土20g)	11月(頭/土20g)	
ネマキング	7	3	6	6	0	3.3
ラッカセイ	21	1	1	4	2	8.3
トウモロコシ	563	21	6	8	1	15.0
スーダングラス	1980	23	2	22	18	37.5
カンショ	2840	63	3	28	6	43.3

3 有害線虫を抑える！

Q21 キタネコブセンチュウの対抗作物を教えてください

キタネコブセンチュウ他の対抗対策

●イネ科緑肥が対抗作物

キタネコブセンチュウは北海道ではニンジンとゴボウの産地にのみ認められ、被害が発生しています。この線虫は2期幼虫が根に侵入します（35ページ図12‐1）。その結果、生長点が分枝し、異形が生じます（写真21‐1）。とくにマメ科作物後で増殖するので、後作にこれらの野菜を栽培する場合には要注意です。逆にイネ科作物後にはキタネコブセンチュウは寄生できず、栽培後、確実に減少します。

したがって対抗作物はイネ科緑肥になります。北海道ではエンバク野生種の「緑肥へイオーツ」、一般の「緑肥用エンバク」、トウモロコシ、府県ではギニアグラス「ソイルクリーン」とソルゴー「つちたろう」「グリーンソルゴー」などがお勧めです。

で調査し、対抗作物を調べています（図21）。まず、サツマイモネコブセンチュウはソイルクリーンに線虫がまったく認められず、対抗作物として再確認されました。

アレナリアネコブセンチュウについては、線虫が2期幼虫以上に発育していないつちたろうが形成がない雌成虫のみのソイルクリーンとネマキングが、対抗作物として認められました。「ネマキング」は九州のレースには感受性です（九沖農研、写真21‐2）。ミナミネグサレセンチュウには緑肥へイオーツとミナミネグサレセンチュウが雌成虫が少なく、有望です。

●その他ネコブセンチュウにも強いソイルクリーン

山田は、各種の緑肥をサツマイモネコブ、アレナリアネコブ、ミナミネグサレセンチュウの汚染土壌に栽培、寄生した線虫の発育を幼虫から成虫、卵まで調査し、

● **要点 BOX** ●
キタネコブセンチュウはイネ科作物には寄生できず、イネ科緑肥を栽培するとエサがなくなり、減少する。

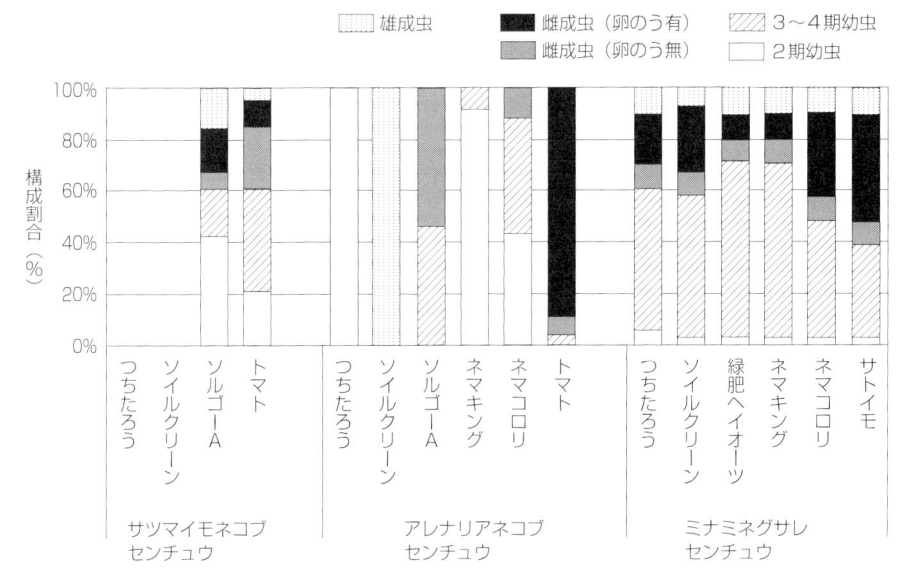

凡例:
- 雄成虫
- 雌成虫（卵のう有）
- 雌成虫（卵のう無）
- 3〜4期幼虫
- 2期幼虫

図21 緑肥の根に寄生したサツマイモネコブ、アレナリアネコブ、ミナミネグサレセンチュウの齢期別割合（山田、未発表）

写真21-1 キタネコブセンチュウの被害
（左：ニンジン、右：ゴボウ）

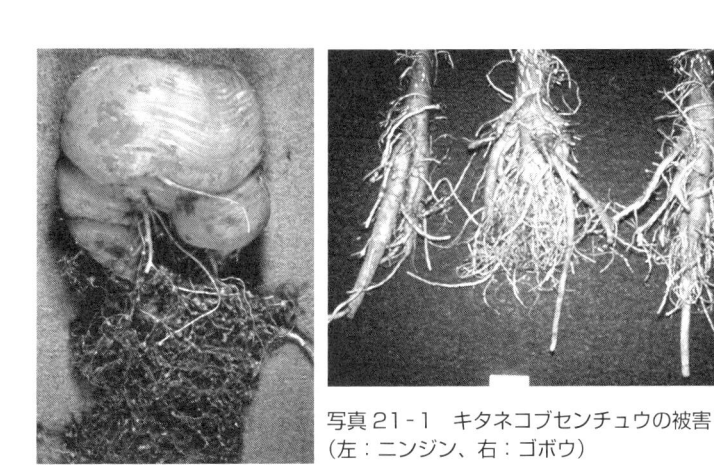

写真21-2
線虫対抗作物クロタラリア
（ネマキング）

53　Part1　緑肥の魅力、活用法

3 有害線虫を抑える！

Q22 線虫対抗作物の栽培ポイントは何ですか？

まず加害線虫を同定し、それぞれの線虫に対し、それぞれ最適の対抗作物を選び、主作物の栽培体系から緑肥の栽培期間を決め、適期・適量の播種、栽培、すき込みを行なうことです。

以下にこれまで見てきた対抗作物の栽培ポイントを挙げておきます。

① 対抗作物を導入する場合、被害植物の根にはまだ有害線虫の卵が残っています。これを圃場にすき込むと被害が拡大する可能性があり、ダイコンではカット野菜や漬物等に使い、できるだけ被害作物を圃場の外に搬出します。

② キタネグサレセンチュウは幼虫から成虫まで土壌と作物の根を行き来していますが、対抗作物（イネ科緑肥）を栽培すると、根の細胞の中に閉じ込められます。

しかし雑草の根に逃げ込まれたら対抗作物に効果は期待できません。対抗作物を利用する際は、

まず雑草のないきれいな圃場を確保し、播種量を多めに、縦・横2回程度行ないます。播種時期は、府県では「緑肥ヘイオーツ」は5月末まで、それ以降は「ねまへらそう」（スーダングラス）か「ソイルクリーン」、マリーゴールドとし、施肥量にも気を付け、健全に育ててください。

③「緑肥ヘイオーツ」の線虫抑制効果は初期密度の5～10％が一つの目安です。山田は商品化率80％以上を得られる栽培前のキタネグサレセンチュウの頭数はダイコンで5頭／土25g、ニンジン・ゴボウでは同2～3頭までとしています。つまり、この10～20倍の頭数まで（緑肥ヘイオーツ栽培前に50から100頭／土25g）なら抑制効果が期待できます。これ以上では、年2回の休閑栽培で1％（10％×10％）までの可能性があります。トウモロコシ・ソルゴーの休閑緑肥以上に炭素率が低いので、北海道ではお勧めです。

④ 山田は、ゴボウ（ネグサレセンチュウ）やニンジ

線虫対抗作物栽培上の注意

● 要点 BOX ●
❶線虫を同定し、最適な対抗作物を選ぶ。❷播種期、施肥を守り、除草を行ない、対抗作物を健全に育てる。

ン（キタネコブセンチュウ）による簡易検定法を提案しています。

やり方は、栽培する圃場を縦横3等分にして、9カ所から土を採取してポットに詰め、ゴボウを播種します。その後、根を掘り取って水洗いし、図22のように判定します。ゴボウは線虫に極端に弱く、肌が白いので、素人でも簡単に判定できます。

⑤ サツマイモネコブセンチュウの対抗作物、極早生エンバク「スナイパー」（Q18参照）は線虫抑制効果が期待できる播種期が狭いので注意が必要です。この線虫は幼虫から成虫までの成長が早く、適温の25〜30℃だと25〜30日で一世代を終了します。そのため、卵のうが一つでも残っていると、早く播種した場合（九州の8月下旬）残った卵が再増殖し、効果が十分ではありません（表22）。抑制効果がある播種適期は九州では9月上〜下旬で、関東では1週間早くなり、すき込みも寒くなった12月〜翌年1月になります。

⑥ シストの中の卵の寿命は長く、ダイズシストセンチュウで9年、ジャガイモシストセンチュウ

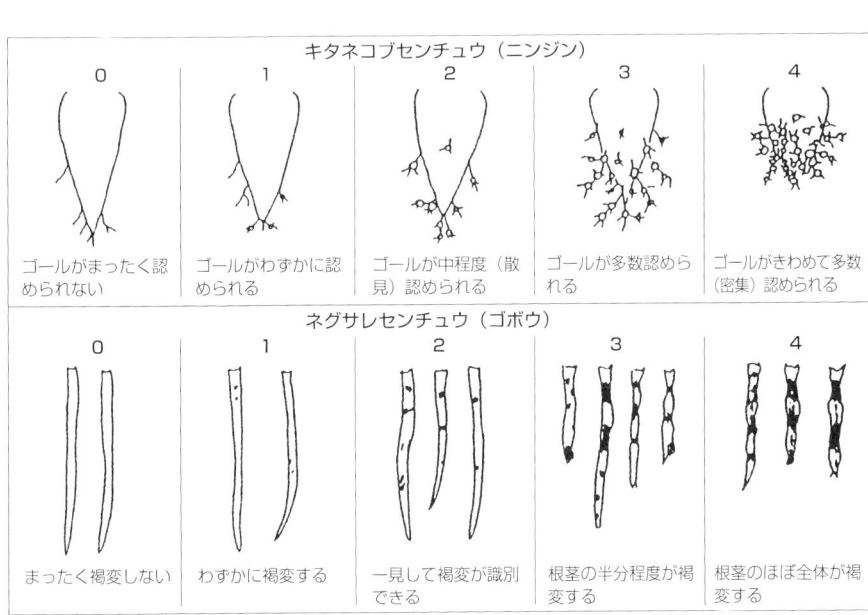

キタネコブセンチュウ（ニンジン）				
0	1	2	3	4
ゴールがまったく認められない	ゴールがわずかに認められる	ゴールが中程度（散見）認められる	ゴールが多数認められる	ゴールがきわめて多数（密集）認められる

ネグサレセンチュウ（ゴボウ）				
0	1	2	3	4
まったく褐変しない	わずかに褐変する	一見して褐変が識別できる	根茎の半分程度が褐変する	根茎のほぼ全体が褐変する

1. 圃場を縦・横3等分し、9カ所の土壌を採取、土を混ぜ、ポットに詰める。
2. ゴボウ（ネグサレセンチュウ）、ニンジン（ネコブセンチュウ）を5粒程度播種、北海道では、冬の間、暖かい室内で2カ月育てる。
3. 根を水洗いして、被害を見る。
4. ダイコンは商品化率：80％以上の場合、被害指数（表中の数字）が2まで、ニンジンとゴボウは1までで、これ以上だと被害が大きくなります。

図22 ゴボウかニンジンによる有害線虫の簡易検定法 （山田、1996）

表22 播種時期が異なるエンバクにおけるセンチュウ密度と産卵量の変化（立石、2006を改変）

播種期	たちいぶき（対抗作物）				はえいぶき（一般種）			
	2期幼虫数（頭／土20 g）			卵のう数／生根	2期幼虫数（頭／土20 g）			卵のう数／生根
	播種時	終了時	増加速度		播種時	終了時	増加速度	
8月下旬	109.7	114.5	1.08	2.69	138.5	919.8	8.44	34.71
9月上旬	49.7	37.5	0.85	0.73	62.2	747.8	2.94	24.06
9月中旬	34.2	27.8	0.86	0.02	21.5	160.5	7.49	2.81
9月下旬	31.8	15.8	0.49	0.02	40.7	49.0	1.34	2.80

スナイパーやたちいぶきは播種期が早いと、残った卵のうから線虫が発育、サツマイモネコブセンチュウが再増殖する
九州では9月上〜下旬播種が適している

写真22　スナイパー

で10年以上といわれています。とくにジャガイモシストセンチュウは一度発生すると、抵抗性品種か輪作しか対応方法がないのが現状です。

⑦「くれない」や「ネマキング」のダイズシストセンチュウ抑制効果は1作限りです。基本は輪作が必要です。

⑧根物作物の前の緑肥のすき込みは細断が最良です。腐熟期間が短いとダイコンでは枝根の発生があります。プラウで耕起するか、フレルモアでの細断すき込みがお勧めです。

⑨つちたろうやねまへらそう、ソイルクリーンは耕畜連携に最適で、補助事業も期待できます。酪農家のエサとして地上部を供給し、地下部で線虫を退治、酪農家から堆厩肥をもらい、株と根をすき込んでもらいます。とくに酪農家の大型機械で緑肥のすき込みをお願いし、播種作業も頼めると、自給飼料が不足している府県では一挙両得になります。

3 有害線虫を抑える！

Q23 ダイコンのキスジノミハムシ対策にもエンバク野生種が有効と聞きましたが……

前作コムギのすき込みに比べて、はるかに効果が高いと紹介しています。その理由は野生種に含まれる何かの物質によると思われますが詳細はわかっていません。生物的防除法として有効な方法と思われます。

● 黒マルチと組み合わせて高い抑止効果

そのとおりです。奈良県ではエンバク野生種がキスジノミハムシ対策で有効とされています。まず線虫対策としてエンバク野生種を栽培し、ダイコンの播種1カ月前に青刈り、すき込みます。その後に、ダイコンを裸地で栽培すると、防除価で67と抑制されましたが、収量は被害が出た裸地区と大差ありませんでした。しかし黒マルチを張ると、防除価は93と向上、被害度も6.3と確実に効果が高まりました（表23）。これは5月播きのダイコンでの例ですが、9月播きでも防除価はマルチで72、裸地で85と効果が認められました。ただ、8月播きはキスジノミハムシの発生期と重なり、防除価は14と低く、効果はありませんでした。

奈良県ではこの方法は、線虫対策、有機物の補給、土壌流亡防止、それに景観形成にも有効と紹介されています。

一方、北海道の道南農試でも、エンバク野生種が

> 黒マルチを使うと
> 5月播きではとくに効果がある

表23 5月播きダイコンにおける前作エンバク栽培とマルチによるキスジノミハムシの防除効果（奈良県農研センター、2000）

前作作物	マルチ資材	ダイコン生育		キスジノミハムシ		
		根長(cm)	根重(g)	被害株率(%)	被害度	防除価
エンバク野生種	黒マルチ	24.6	502	18.8	6.3	93
	裸地	25.5	394	56.3	31.3	67
栽培無	黒マルチ	28.0	524	75.0	50.0	48
	裸地	25.0	365	100.0	95.8	

注）エンバク野生種：1998年11月17日播種、翌年4月10日すき込み、
　　ダイコン：5月12日播種、7月1日調査、品種：献夏青首

キスジノミハムシ対策

● 要点BOX ●
エンバク野生種のすき込みで、ダイコンのキスジノミハムシの防除が可能。

4 土壌病害を減らす！

Q24 なぜ緑肥は土壌病害を減らすことができるのですか？

緑肥による土壌病害対策

●根圏微生物を増やして防ぐ

植物の根は糖類の一種、ムシゲルを放出、これが微生物のエサとなり、根圏では多様な微生物が増殖し、拮抗菌も増えます。この作用に着目し、緑肥の中でも根量の豊富なイネ科緑肥、とくにエンバク野生種の「緑肥ヘイオーツ」が土壌病害を減らせないかを検討しました。同じ頃、北大ではトウモロコシ後でアズキ落葉病が軽減されることに着目し、緑肥ヘイオーツについても研究を進めていました。

土壌微生物の種類の多さをバイオログという手段で測定し、多様性指数で示します。緑肥ヘイオーツを栽培している根圏（根の周り）と非根圏（畦間）の土壌を採取しこの多様性指数を測定した結果が、図24です。

緑肥ヘイオーツ、緑肥用エンバク、スイートコーン、アズキ、いずれも根圏土壌では3000前後ですが、非根圏土壌では、緑肥ヘイオーツ、緑肥用エンバク、スイートコーン、アズキの順に多様性指数が低くなっています。

そこでプランターにアズキ落葉病の汚染土壌を詰め、その片側にまず緑肥ヘイオーツを播種し、10cmおきにアズキを条播します。これを1週間おきに4回繰り返しました（写真24）。プランターは浅めにして、緑肥ヘイオーツの根が横に張っていくようにしています。このため緑肥ヘイオーツから近いほど、播種が遅れるほど、根量が多くなり、遠いほど根量が少ない状況でアズキが播種されます。

その結果、表24のように落葉病は緑肥ヘイオーツ株元に近い10cm区で明らかに抑制され、とくに根が張った条件で播種した4週目では発病がほとんど認められませんでした。それだけ根が多いと根圏微生物が豊富だからと考えられます。

●線虫を抑えて病害を減らす

この他、落葉病やバーティシリウム病菌は、

要点BOX
❶緑肥ヘイオーツの根量は緑肥用エンバク以上。栽培すると土壌微生物が多様化し、拮抗菌が増えて病原菌を抑制する。❷また線虫を減らしたり、おとり作物として病原菌を媒体する菌を発芽させるため、結果として病気を抑えられる。

ヘイオーツ、アズキ同時播種

ヘイオーツの4週間後にアズキ播種

> 緑肥ヘイオーツの根が伸びてからアズキを播くと落葉病が減り、根から近い（根が多い）場所ほど病気は少なくなる

写真24　緑肥ヘイオーツの根圏効果によるアズキ落葉病の抑制効果

キタネグサレセンチュウが多いと被害がひどくなります。緑肥ヘイオーツはこの線虫を抑制することで落葉病、バーティシリウム病などの病害も減らしています。また、ジャガイモそうか病菌に対しては、これを抑制する拮抗菌も見つかっています。このように緑肥ヘイオーツの豊富な根圏は不思議な力をもっており、各種土壌病害が抑制されると考えています。

表24　緑肥ヘイオーツの根圏効果によるアズキ落葉病の感染程度（雪印種苗、2001）

ヘイオーツ からの距離	ヘイオーツ播種 からアズキ播種 までの日数	感染程度評点		落葉病菌数 ($\times 10^3$/g土)
		茎下部 (無0～4甚)	茎上部 (無0～4甚)	
10cm	1週目	2.2	2.2	2.7
	4週目	0.8	0.2	2.8
40cm	1週目	2.0	1.6	4.0
	4週目	1.6	0.8	5.4

注）感染程度は0：無～4：甚である。

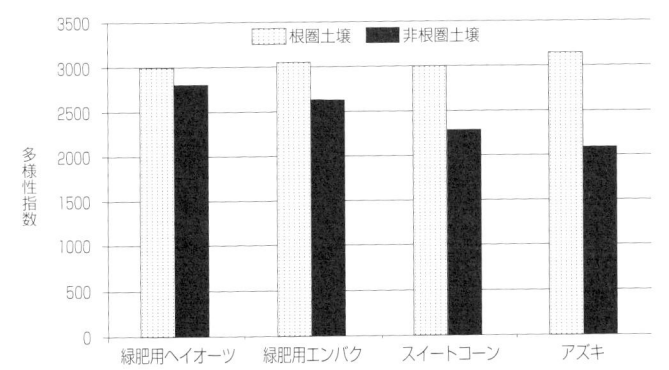

図24　根圏・非根圏の多様性指数（雪印種苗、土幌町、2001年調査）
注）多様性指数とは土壌微生物の種類の豊富さを示す指数で、バイオログという特殊な機械で測定する。指数が大きいほど土壌病害が少ないことがわかってきた。

4 土壌病害を減らす！

Q25 緑肥作物で殺菌作用のあるものはありませんか？

● バスアミド剤に類似した成分を発生

海外では臭化メチルにかわる土壌病害対策として、薫蒸(くんじょう)作物（Fumigation Crop）が注目されています。薫蒸作物をすき込むと、それに含まれるグルコシノレートが酵素ミロシナーゼによって加水分解され、バスアミド剤に類似した成分のイソチオシアネートガスが発生し、これが土壌病原菌や害虫を抑制します（図25-1）。グルコシノレートはアブラナ科のシロガラシ（緑肥）、チャガラシ（野菜のカラシナの一種）、クロガラシ（漢方薬の原料）、クレオメ（花）、ダイコン茎葉、ブロッコリー等に多く含まれますが、作物によってイソチオシアネートの種類が異なり、効果も異なってきます。

写真25は海外から集めたさまざまなチャガラシを生のまま細断し、それを病原菌の生えたシャーレと一緒に密閉ガラスボトルに入れ、イソチオシアネートを発生させ、反応を見たものの一つです。ご覧のようにグルコシノレート含量には材料によりかなりの差があり、殺菌効果にも差があることがわかりました。この中からチャガラシではアリルイソチオシアネートの発生がもっとも多い系統を選抜し商品化したのが、「辛神(からしん)」です。

● ピシウム菌、リゾクトニア菌に卓効

イソチオシアネートガスによる効果は播種期や菌の種類により明らかに異なり、効果が大きいのはピシウム菌（立枯病など）、リゾクトニア菌（テンサイ根腐病など）で、フザリウム菌ではホウレンソウ萎凋病菌にのみ効果が認めら

左より抑制率：0、46、100%（グルコシノレート高含量系統）

写真25 バイオアッセイ法によるチャガラシの選抜（雪印種苗、2011）

燻蒸作物による土壌病害対策

● 要点BOX

チャガラシに含まれるグルコシノレートは土壌にすき込まれると加水分解して、アリルイソチオシアネートを発生し、殺菌作用でピシウム菌やリゾクトニア菌、一部のフザリウム菌等による土壌病害を抑制する。

れます。図25・2のように、北海道では春播きより夏播きの効果が大きく(含量は太陽の強さで異なる)、テンサイ根腐病への効果がホウレンソウ萎凋病より大きいことがわかります。逆に効果がなかったのはジャガイモそうか病、ダイズの茎疫病、バーティシリウム病菌、サツマイモつる割病などでした。粉状そうか病にもポット試験ですが、効果が認められています。また、コムギ立枯病防除の試験も進んでいます。

図 25-1　薫蒸作用の機作

薫蒸効果はピシウム菌やリゾクトニア菌(テンサイ根腐病等)で効果が大きく、フザリウム菌はホウレンソウ萎凋病のみ効果がある。バーティシリウム萎凋病菌やそうか病には効果が劣る

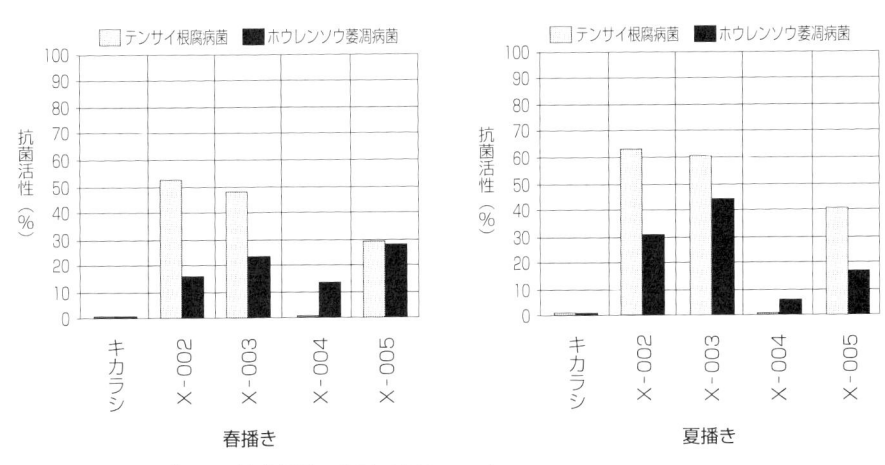

図 25-2　チャガラシの抗菌活性の比較 (北村、2005)

Part1　緑肥の魅力、活用法

4 土壌病害を減らす！

Q26 アズキ落葉病に困っています。緑肥作物で防除できないでしょうか？

アズキ落葉病対策

●緑肥ヘイオーツで明らかに抑制

アズキ落葉病はアズキの主要病害で、罹病すると水分が移動する茎の中の導管が褐変し、突然、作物が枯死します。発生面積（北海道）は2013年には770haと、抵抗性品種の登場と対策で激減しています。しかし、レースの変化で、抵抗性品種にも罹病が確認されており、肥培管理を含めた対応が求められています。そこで約15年前に北海道大学と協力し、次のような試験を行ないました。

休閑利用で、①「緑肥ヘイオーツ」を春、夏2回播種し、キタネグサレセンチュウを当初の約1％まで減らし、根圏微生物を活性化させる（緑肥ヘイオーツ2作区）、②春播きの「まめ助」で本病を増やすダイズシストセンチュウを減らし、土壌を肥沃化したあと、緑肥ヘイオーツを導入（まめ助→緑肥ヘイオーツ区）、③緑肥用エンバク2作と、④落葉病を減らすといわれているスイートコーンに、後作アズキの罹病程度を比較しました。

結果は、汚染圃場の落葉病の菌密度が $2×10^3$ CFU／g乾土だったのに対し、緑肥ヘイオーツ2作区では0.5×10^3 CFUまで減少し、キタネグサレセンチュウもスイートコーンでは69頭／土25gでしたが1頭／土25gまで減らしています。この区で得られた乾物収量は2作合計で1.5tとトウモロコシ並みで、分解も早く、肥効が期待できるものでした。

翌年のアズキの罹病個体率はアズキ連作区では100％、緑肥ヘイオーツ2作区では60％と低下しています（図26）。とくに茎の中の導管の褐変率では処理区間に有意差が認められ、スイートコーン68％と緑肥用エンバク54％では効果が不十分ですが、まめ助→緑肥ヘイオーツ2作区では29％と明らかに抑制しています（写真26）。アズキの収量も、42％、緑肥ヘイオーツ区でも地力が肥えたまめ助→緑肥ヘイオーツ区でスイートコーン区対比132％、緑肥ヘイオーツ2作

●要点BOX●
アズキ落葉病はダイズシストセンチュウとキタネグサレセンチュウが多いと多発する。緑肥ヘイオーツは根圏微生物を活性化して線虫を抑制、落葉病を減らす。

区で118％と極多収、緑肥用エンバク後より多収になりました。

● 病害抑制とともに増収も

士幌町で行なった後作緑肥の効果確認と緑肥作物の比較試験では緑肥ヘイオーツ区のみ菌量が半減させ、罹病率68％、褐変率34％ともっとも効果があり、その他の緑肥では十分な効果が認められませんでした。後作アズキの収量は菌根菌が増えたヒマワリと病害を抑制した緑肥ヘイオーツ区が約1割増収になっています。

本病は落葉病菌が罹病したアズキが枯死すると、炭素率が高い罹病した根は分解されず、土壌中に長期に残存するといわれています。罹病率のひどい場所は罹病残渣の根の抜き取りが基本で、緑肥ヘイオーツ2作の休閑栽培や輪作後作に緑肥ヘイオーツをお勧めします。日頃からコムギ後作に緑肥ヘイオーツを導入し、翌年にアズキを導入すると、線虫抑制効果を含め、収量はかなり改善されます。

写真26
緑肥ヘイオーツによるアズキ落葉病抑制効果（音更町）
左：ヘイオーツ後
右：アズキ連作

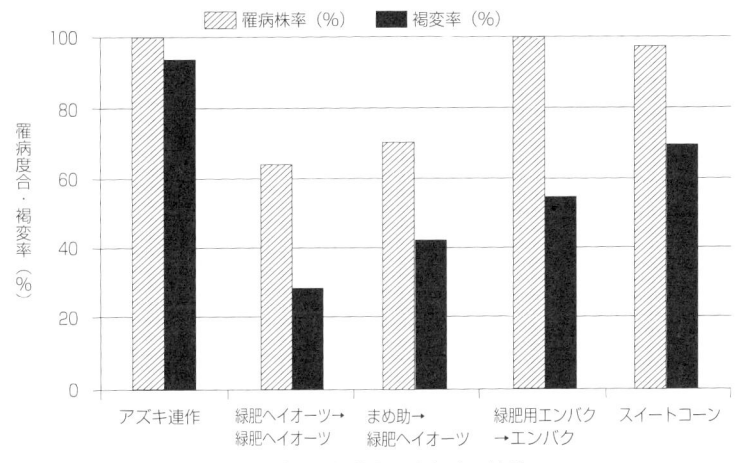

図26　緑肥の種類と後作アズキの落葉病罹病程度の比較
（雪印種苗、士幌町、休閑利用、2000）

4 土壌病害を減らす！

Q27 北海道でジャガイモそうか病が発生して困っています

ジャガイモそうか病対策

●酸度矯正剤と緑肥ヘイオーツを組み合わせる

北海道内におけるジャガイモそうか病の発生面積は平成24年度で1万4030haと増えており、とくにマメ類の作付けのない北見・網走管内で多発しています。本病の防除には土壌pHを下げ、交換酸度（アルミニウムの総量）を5.0以下にすることが有効とされ、長崎県ではpHが4.0前後にもなっています。

しかしこれだけpHが低いと土壌のアルミニウムが遊離してリン酸を固定し、その利用性を低下させて、ジャガイモが低収になる問題が出てきます。アルミニウムの遊離を少なくするために、酸度矯正資材のフェロサンドを作条に施用してイモのある畝だけを酸性にし、これに「緑肥ヘイオーツ」2作の休閑緑肥を組み合わせて、ジャガイモそうか病を防除できないか検討しました。試験したのは多発地帯の清里町の農家圃場です。

●そうか病を抑えつつ増収も

フェロサンドは、全量施用で交換酸度を5.0に矯正する量を決め、その半量を作条施用する区と、さらにその3割の1/6量を作条施用する区を設定し、これにそれぞれ緑肥ヘイオーツを組み合わせました。今回のそうか病菌の種類は S. turgidiscabies です。栽培前のpHは5.2、交換酸度は1.9でした。

慣行区のテンサイ→ジャガイモの体系では発病度が28と、かなり発生しています（表27-1）。テンサイの代わりに緑肥ヘイオーツを2作栽培すると発病度は16に低下、これにフェロサンドを1/6量作条施用すると、交換酸度が3.0と上がり、発病度9とさらに抑制されています。一方のテンサイ後の1/6量区では効果がありませんでした。もっとも効果があったのは交換酸度が4.0と高くなったフェロサンド1/2量施用区との組み合わせで、その発病度は5です。後作ジャガイモの収量は緑肥ヘイオーツ2作のみで109％、これにフェロサンド1/6量を施用すると116％と極多収、もっとも病害を抑制した1/2量区は資材の害が出て93％でした。

● 要点BOX ●
そうか病の初期症状なら緑肥ヘイオーツで、ひどい場合には酸度矯正資材や抵抗性品種の組み合わせで対応。

●緑肥ヘイオーツ2作はダイズ栽培後より効果が高い

一方、士幌町では緑肥ヘイオーツ2作後の休閑緑肥が、ダイズ栽培後と比べてどれくらい効果があるのか検討しました。土壌pHは6.0弱、交換酸度1.2の圃場で、緑肥ヘイオーツ2作で約1tの有機物がすき込まれました。

結果は、緑肥ヘイオーツ2作後のジャガイモは発病度が33、病イモ率が69％ともっともそうか病を抑制し、さらに従来のダイズ後ではキタネグサレセンチュウが155頭/土25gと増えているのに反し、緑肥ヘイオーツ後は2頭と少なくなっています。おかげで、発病軽度のジャガイモ収量は、ダイズ後に比べ123％と極多収、そのほかは緑肥用エンバク後86％、ジャガイモ後64％と低収でした（表27-2）。

以上から、北海道の十勝農試と北見農試ではエンバク野生種（緑肥ヘイオーツ）を組み入れたそうか病の総合防除体系を提案、2004年に普及指導参考事項になっています。その中で、エンバク野生種のみでそうか病を抑制するのは、発病が少～中の圃場で（病イモ率15％以下）、フェロサンド等資材を併用する場合でそうか病イモ率30％までとされています。

これ以上では抵抗性品種が必要です。筆者としては、前記の緑肥ヘイオーツ2作＋フェロサンド1/6量施用の組み合わせ効果にとくに期待しています。

表27-1　緑肥ヘイオーツ2作後のジャガイモそうか病の抑制効果
(雪印種苗、清里町、2002)

前作	フェロサンド	pH	交換酸度	病イモ率(%)	発病度	防除価
緑肥ヘイオーツ	無	5.80	1.55	49	16	44
テンサイ	無	5.71	1.38	68	28	
緑肥ヘイオーツ	1/6量	5.50	3.00	28	9	67
テンサイ	1/6量	5.48	1.88	65	29	0
緑肥ヘイオーツ	1/2量	4.94	4.00	15	5	83

注）ジャガイモ品種はコナフブキ、作付前のpHは5.2、交換酸度は1.90。

表27-2　緑肥ヘイオーツ2作によるジャガイモそうか病の抑制効果
(雪印種苗、土幌町、休閑利用、2002)

品種	交換酸度	線虫密度(注1)(頭/土25g)	発病度	病イモ率(%)	総収量(kg/10a)	発病軽度収量(注2)(kg/10a)	(%)
緑肥ヘイオーツ	1.25	2	33	69	4098	1813	123
緑肥用エンバク	1.17	71	39	85	3392	1272	86
ダイズ	1.38	155	41	85	3552	1477	100
ジャガイモ	1.17	49	45	86	3648	948	64

注1）線虫はキタネグサレセンチュウ。
注2）発病軽度収量はダイズ後作を100とした場合の比較。

4 土壌病害を減らす！

Q28 テンサイ根腐病を抑える緑肥作物はありませんか？

●薫蒸作物チャガラシが有効、製品化率もアップ

北海道ではキカラシ（シロガラシ）の後作に、高収益が狙え、キタネグサレセンチュウの被害が少ないテンサイが多く栽培されていますが、根腐病が問題になり（写真28‐1）、農薬で防除されています。この根腐病のリゾクトニア菌には薫蒸作物が有効です。そこでチャガラシ「辛神」による防除を検討しました。

まずプランターでの試験ですが、前年の秋にチャガラシをすき込み、テンサイを作付けて本病が抑えられることを確認しました。後作テンサイの発病度合は、チャガラシすき込み区が20と無栽培に比べ明らかに低く、防除価も74、テンサイの収量も被害が出た無栽培区の2倍弱、病原菌の無接種区と大差がありませんでした（写真28‐2）。

次いで行なった圃場（十勝地方）試験でも、チャガラシは根腐病の発病度を15に抑え、発病率も低し、商品率が90％に向上、収量では3割以上も多収

になっています（図28‐1）。

アマの茎を用いた病原菌の定量でも感染率が明らかに低下しており、病原菌感染ポテンシャルの低下が認められています。

北海道大学では、同じリゾクトニア菌のジャガイモ黒あざ病にも抑制効果のあることを、ポットですが幼茎を用いた試験で確認しています（図28‐2）。

●キカラシよりチャガラシで病害防除

チャガラシはキカラシと同じく、炭素率が低いため分解が早く、肥効も期待できます。キカラシにも薫蒸作用がありますが、その効果はチャガラシが優れており、線虫が減らせる点でもテンサイにはチャガラシがお勧めです。

後作にビートを栽培する場合、多収を狙いたい播種が遅れる、景観美化の場合はキカラシ、根腐病の防除、土が肥えている、8月上旬に播種できる場合には辛神を選びます。注意点として、辛神は晩生し、チャガラシは根腐病の発病度を15に抑え、発病率も低下し、商品率が90％に向上、収量では3割以上も多収

テンサイ根腐病対策

要点BOX
チャガラシ（辛神）のコムギ後作緑肥でテンサイ根腐病やジャガイモ黒あざ病は減らせる。

のため播種を早く行なうこと、またチッソを好むので北海道の畑作では硫安で2袋（チッソで8kg）程度は施用してください。

写真28-1　テンサイ根腐病の被害株

緑肥無栽培　　　　　チャガラシすき込み

写真28-2　チャガラシによるテンサイ根腐病抑制効果（雪印種苗、ポット試験）

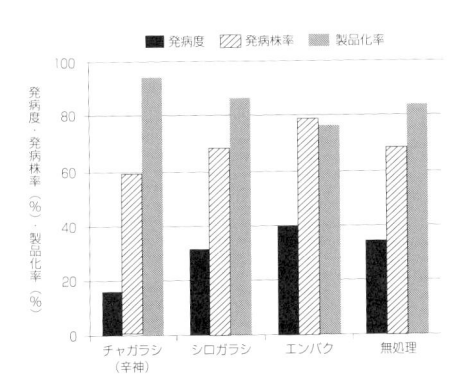

図28-1
チャガラシ「辛神」すき込みによるテンサイ根腐病の抑制効果（佐久間、2008）

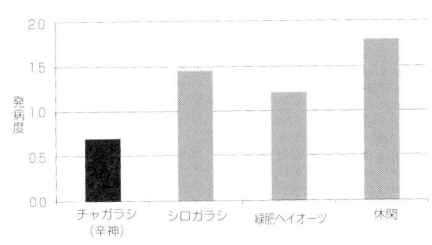

図28-2
チャガラシ「辛神」すき込みによるジャガイモ幼茎の黒あざ病の抑制効果（太田、2009）

注）発病度とは＝$\frac{4A+3B+2C+D}{調査株数 \times 4} \times 100$
　　A〜Dは発病程度A〜Dの発病株数

4 土壌病害を減らす！

Q29 ダイコンバーティシリウム黒点病とキャベツバーティシリウム病に効果がある緑肥作物はありますか？

バーティシリウム病対策

●ダイコン黒点病やトマト半身萎凋病にも効果

北海道では5種類の緑肥を試験し、緑肥ヘイオーツが本病を抑えることがわかりました。

ダイコンの産地で有名な留寿都村で、ダイコンバーティシリウム黒点病（写真29）の防除のため、緑肥ヘイオーツを1作もしくは2作栽培し、バレイショ後と比較しました（図29-2）。バレイショはキタネグサレセンチュウを増やす本病の増殖作物です。結果は、緑肥ヘイオーツを1作または2作栽培す

●線虫を減らし、発病度を下げる緑肥ヘイオーツ

群馬県の嬬恋村はキャベツの産地で有名ですが、バーティシリウム病の被害が発生し、対策が必要になっています。この病害はキタネグサレセンチュウが多いと発生がひどくなるので、エンバク野生種「緑肥ヘイオーツ」で線虫防除を行なうことで、よい結果が得られています。

本病には2種類の病原菌があり、V. longisporumについてはポット試験、V. dahliaeはポット試験で、圃場試験で、緑肥ヘイオーツの防除効果は殺線虫剤のカズサホス剤を用いて線虫を防除した結果と大差ないことがわかっています（図29-1）。圃場試験の2場所平均の無処理の発病度は80弱ですが、緑肥ヘイオーツは半分に抑えています。

現地では現在、緑肥ヘイオーツを9月上旬までにすき込み、土づくりとエンバク野生種による防除を行なっています。10〜15kg/10a播種、草丈60cmで

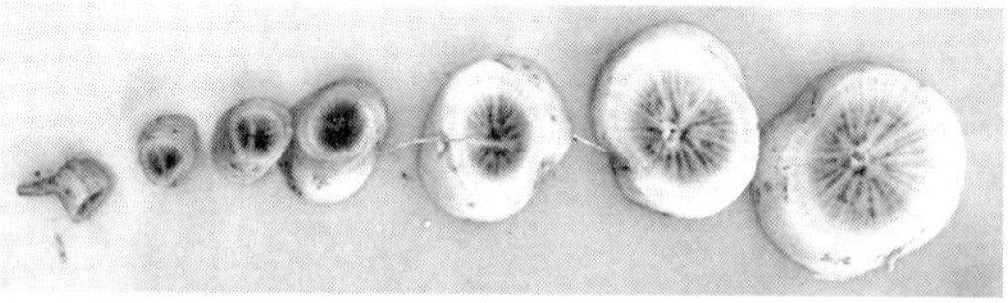

写真29 バーティシリウム黒点病
切断すると維管束が黒変しているので被害に気付くやっかいな病害

ると、1作または2作栽培す

- - - 要点BOX - - -
バーティシリウム病はキタネグサレセンチュウが多いと多発。緑肥ヘイオーツはこの線虫を減らし、キャベツのバーティシリウム病やダイコンバーティシリウム黒点病の被害を減らす。

図29-1 緑肥ヘイオーツによるキャベツバーティシリウムの抑制効果（酒井、2004を改変）

注）V.longisporum は2場所の平均で示す。

> パーティシリウム病はキタネグサレセンチュウが多いと多発する
> 緑肥ヘイオーツは線虫を減らし、病害も減らす

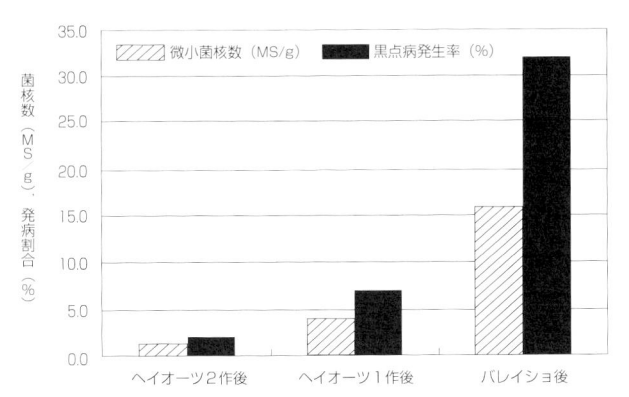

図29-2 緑肥ヘイオーツによるダイコンバーティシリウム黒点病の抑制効果（山下ら、2005）

ると、微小菌核数が明らかに低下、黒点病の発病率も抑制されました。

千葉大でもトマトの半身萎凋病の抑制効果がポットレベルで認められ、緑肥ヘイオーツ由来の抗菌成分の可能性が示唆されています。緑肥ヘイオーツはキタネグサレセンチュウを減らすとともに、これら

病害の被害も減らせる緑肥作物です。

同様にキタネグサレセンチュウを減らすライムギ「R-007」やギニアグラス「ソイルクリーン」、スーダングラス「ねまへらそう」にも効果が期待できます。

4 土壌病害を減らす！

Q30 アブラナ科の根こぶ病が出ています。緑肥作物で減らせないでしょうか？

アブラナ科野菜の根こぶ病対策

写真30 根に大小のコブが多数つく根こぶ病

● 緑肥ヘイオーツをおとり作物に

根こぶ病（写真30）はもっともやっかいな土壌病害の一つで、アブラナ科の連作で多発し、燻蒸作物のチャガラシやキカラシを作付けしても罹病することがわかっています。このような圃場には「緑肥ヘイオーツ」を勧めます。ただし、根こぶ病をサツマイモネコブセンチュウの被害と間違われる方もいますが、緑肥ヘイオーツはこの線虫には効果がないので、気を付けてください。

緑肥ヘイオーツは根こぶ病の休眠胞子を発芽させ、自らの根毛に感染させながら、根こぶ形成をさせず、土壌中の菌密度を減少させます。このような作物をおとり作物といいます。岩手県ではポット試験ですが、緑肥ヘイオーツを栽培すると根こぶ病菌は播種50日後に100分の1以下になったと報告しています（図30・1）。

注意点として根こぶ病の防除剤フルスルファミド粉剤（ネビジン剤）を施用すると、休眠胞子が発芽しなくなるので避けること、また緑肥ヘイオーツは根こぶ病の菌密度を減少させる効果なので、発病前から輪作体系に組み込むことが大事です。

● ダイコンとの輪作で硫黄病も抑えて収量アップ

岩手県ではこの結果をもとに、緑肥ヘイオーツの春・秋播きを組み合わせて、5カ年の実証試験を行ない、キャベツ根こぶ病、ダイコン硫黄病が抑制され、目標収量の80％以上の可販収量が得られたと報告しています（図30・2）。播種期とすき込み期は、大野村（現洋野町）で4月上旬播種→6月中旬すき込みと、8月中旬播種→11月上旬すき込みと

● 要点BOX ●
❶緑肥ヘイオーツを栽培すると、アブラナ科根こぶ病の休眠胞子が発芽、根に寄生するが、根コブができず、胞子の生長を阻害、死滅させ、同病を防除する。❷ふだんから緑肥ヘイオーツを輪作体系に組み入れると安定多収に。

緑肥ヘイオーツはアブラナ科根こぶ病の休眠胞子を発芽させ、自らが感染し（おとり作物となり）、病害を抑制する

しています。

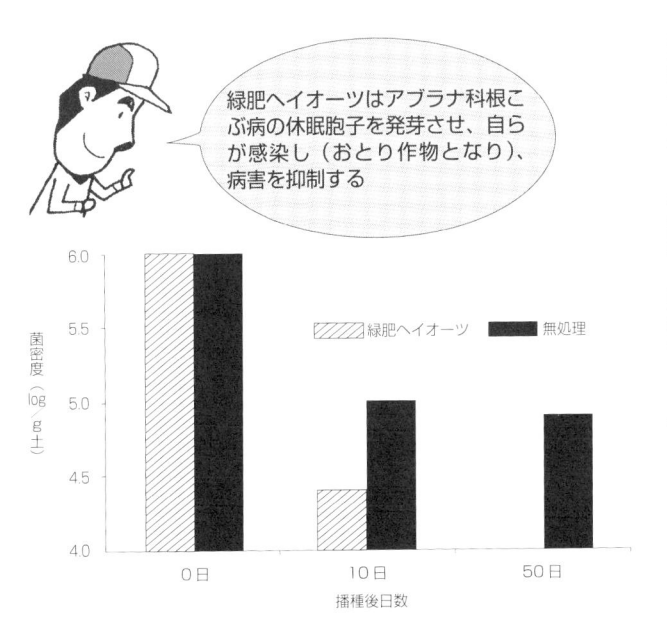

長崎県でもおとり作物の葉ダイコン「CR-1」と比較した結果、生育が旺盛な3～4月と10月播種の利用がよいとしています。農薬に比べて、種子代は半分以下の経費で、有機物補給による土づくりで、後作ダイコンの多収も期待できます。

図30-1　緑肥ヘイオーツによるアブラナ科根こぶ病の抑制効果
（岩手県農研センター、2000を改変）

作付け年	1年目	→	2年目	→	3年目	→	4年目	→	5年目
作付け品目	キャベツ＋ヘイオーツ	→	キャベツ＋ヘイオーツ	→	ダイコン＋ヘイオーツ	→	ダイコン＋ヘイオーツ	→	キャベツ＋ヘイオーツ

上記輪作体系は、基幹品目の前後作にヘイオーツを組み合わせた1年2作が前提となる

ヘイオーツとキャベツ・ダイコンの組み合わせのモデル（大野村）

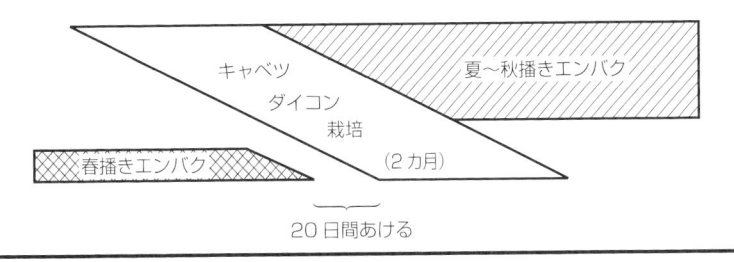

図30-2　緑肥ヘイオーツ導入によるアブラナ科根こぶ病の防除体系（岩手県、2001）

4 土壌病害を減らす！

Q31 ホウレンソウ萎凋病に困っています。緑肥作物で減らせないでしょうか？

● チャガラシすき込みで効果抜群

ホウレンソウ萎凋病は園芸作物ではもっともやっかいな土壌病害の一つで、バスアミドなどの殺菌剤で対処されています。これに対し私たちは農水省実用化事業で薫蒸作物による防除試験に取り組みました。

チャガラシ「辛神」を北海道の雨よけハウスに5月23日に播種、7月9日に細断し、ロータリ耕起、十分にかん水後（30mmを目安）、ビニール被覆し、薫蒸・腐熱させました。その後、8月6日にホウレンソウを播種。この際、処理層をロータリ耕起した区（耕起区）と、処理層を壊さないようにレーキで軽く処理しただけの区（不耕起区）を設けました。

その結果、フザリウム菌はバスアミド区で明らかに低下していますが、辛神区では耕起より不耕起区の菌数が少なくなっています（図31－1）。発病指数も不耕起区で1.55とバスアミド区に次いでホウレンソウの発病が少なくなりま

した（写真31－2）。

● 岩手、兵庫、奈良県の研究報文でも好結果

雨よけホウレンソウの産地である岩手県でもこの効果を確認しています。カラシナ（チャガラシの野菜としての名称）5t/10a（開花期前後）を深さ20cmまでにすき込み、30mmのかん水を行ない、ビニール被覆をし、1カ月間ハウスを閉め切りました。その結果、発病株率と発病度がともに低下し、ダゾメット粉剤に近い効果が得られました。

注意すべき点として、ホウレンソウへの施肥はカラシナすき込み時とし、汚染土壌との混濁を避ける、またカラシナの施肥はハウスでは無施肥（残肥を利用）、露地ではチッソで10kg程度とする、と述べられています。

兵庫県では、カラシナすき込み、湛水させて、無処理区が42％の発病だったのに対して、処理区は0％と防除効

要点BOX
❶辛神から生じたイソチオシアネートガスには殺菌作用があり、萎凋病菌を抑える。❷北海道（ハウス）では辛神の4月播きで対応、7～8月播種のホウレンソウで抑制効果あり。府県では還元消毒との併用で効果大。

ホウレンソウ萎凋病対策

写真 31-1 すき込み直前時の辛神（ハウス）

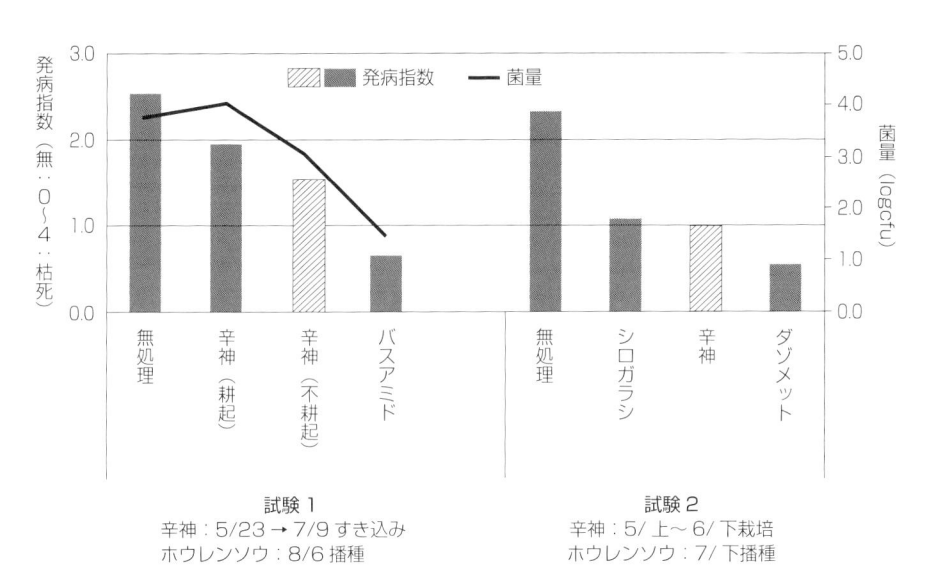

図 31-1 緑肥用ヘイオーツ後のジャガイモそうか病の抑制効果
（雪印種苗、2002）

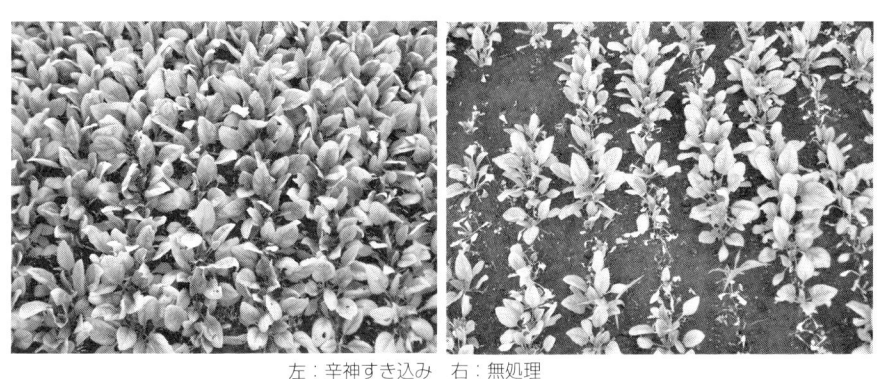

試験1　辛神：5/23 → 7/9 すき込み　ホウレンソウ：8/6 播種
試験2　辛神：5/上～6/下栽培　ホウレンソウ：7/下播種

左：辛神すき込み　右：無処理
写真 31-2　チャガラシによるホウレンソウ萎凋病抑制効果 （雪印種苗）

果を認めています（図31-2左）。さらに飽和水分量の効果を調べ、飽和水分区で6.9%、75%で21%、50%区では29%と、水分が多いほど抑制効果が高く、カラシナすき込みの効果は還元消毒＊の程度も関与しているとしています。

奈良県ではカラシナ7.5ｔとエンバク野生種「緑肥ヘイオーツ」4.1ｔをそれぞれ6月14日に汚染圃場にすき込み、湛水、ビニールフィルムで被覆した結果、両区ともに萎凋病菌は検出限界以下で、発病率も明らかに低くなったと報告しています（図31-2右）。

● 被害がひどい場合は湛水処理と併用

ホウレンソウはチャガラシとの相性がよい作物で、今回のチャガラシによるホウレンソウ萎凋病の防除効果は30mm程度のかん水でも効果が期待できます。発病がひどい場合は夏場に湛水して還元消毒と併用するのが効果を期待できます。

＊還元消毒　太陽熱消毒と糖蜜や米ヌカなどの有機物を組み合わせ、湛水させ、微生物の呼吸作用により無酸素（還元）状態にして病原菌を死滅させる消毒法。

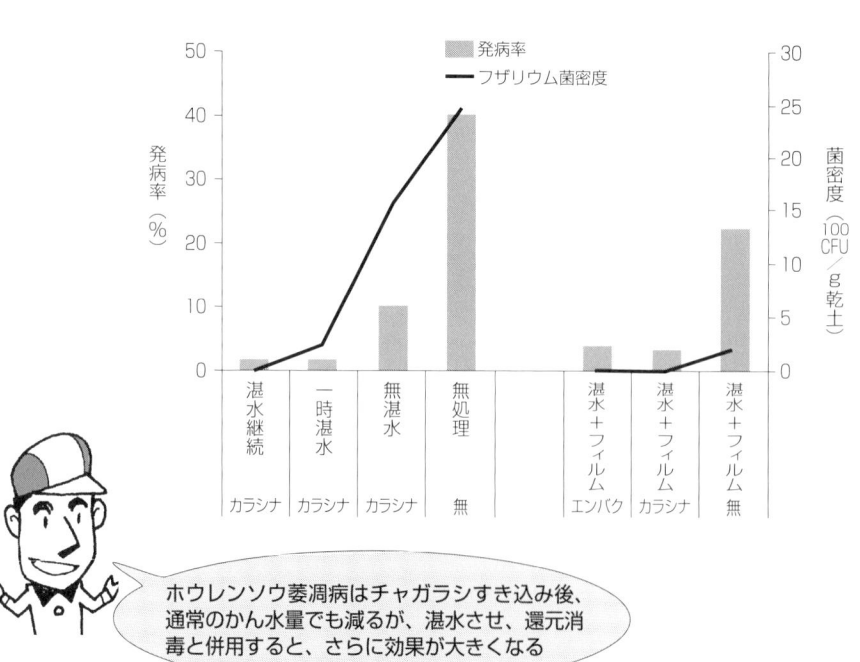

［図：発病率（%）とフザリウム菌密度（100CFU/g乾土）の棒グラフ。横軸：湛水継続（カラシナ）、一時湛水（カラシナ）、無湛水（カラシナ）、無処理（無）、湛水＋フィルム（エンバク）、湛水＋フィルム（カラシナ）、湛水＋フィルム（無）］

ホウレンソウ萎凋病はチャガラシすき込み後、通常のかん水量でも減るが、湛水させ、還元消毒と併用すると、さらに効果が大きくなる

図31-2　カラシナ（チャガラシ）すき込み＋湛水処理によるホウレンソウ萎凋病抑制効果
（左：前川ら、2011、右：安川ら、2012）

4 土壌病害を減らす！

Q32 ハウスでトマト青枯病に困っています。緑肥作物で減らせないでしょうか？

● 薫蒸作物のすき込みと湛水処理（還元消毒）

新潟県では、チャガラシ「辛神」の辛味成分アリルイソチオシアネートがトマト青枯病を抑制することを明らかにしています。この殺菌効果は温度条件で左右され、15℃では低く、25℃以上では高く、ダゾメット剤と大差ない効果が得られています。

実際に、青枯病が発生したハウスに辛神を3月播種し、すき込みは5月下旬～6月上旬、これにかん水処理（150ℓ/m²）を組み合わせ、後作トマトの発病抑制効果が検討されました。なおチャガラシは6.3t/10a（開花期）収穫されましたが、すき込みから4t確保するには、ハウスでは4月までに播種、すき込みも6月上旬までに行ない、虫害を防ぐため入り口に防虫網を設置します。

結果はチャガラシの処理量が2tでは効果がなく、4tかん水区の効果がもっとも大きくなっています（図32）。平成21年度の試験ではこの処理でダゾメット剤以上の効果が得られています。チャガラシを4t確保するには、ハウスでは4月までに播種、すき込みも6月上旬までに行ない、虫害を防ぐため入り口に防虫網を設置します。

写真32 チャガラシすき込みによるトマト青枯病の抑制効果
（前田氏提供）

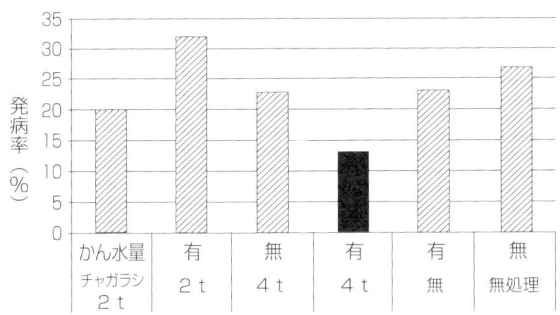

（写真内ラベル：チャガラシ＋かん水区／無処理区／チャガラシ区）

図32 チャガラシのすき込み量の違いとかん水の有無がトマト青枯病の発生におよぼす影響（前田、2011）

（グラフ：発病率（％）　かん水量チャガラシ2t：20／有2t：32／無4t：23／有4t：13／有無：23／無無処理：27）

トマト青枯病対策

> **要点BOX**
> この病原菌は50cm以上深くに生息しているので、「辛神」単独では十分ではないが、湛水させる還元消毒を併用すると効果がある。

4 土壌病害を減らす！

Q33 薫蒸作物で線虫は減らないのですか？

薫蒸作物による線虫抑制効果

●線虫・すき込み量によって効果が異なる

各種線虫の汚染土壌にチャガラシ「辛神」を細断した生サンプルを詰めて25℃条件下で放置し、2週間後に線虫の抑制率を調査しました。

チャガラシは春播きや後作緑肥では3～4t/10a、府県で越冬利用すると8t以上の生収量を確保できます。線虫によって効果のあるすき込み量が異なり、4t分（春播きの開花期の生収量）ではキタネグサレセンチュウやナミラセンセンチュウは5～6割の致死率ですが、サツマイモネコブセンチュウにはもう一つです（図33）。しかし、他からもち込んだり、越冬させて抽苔させ、チャガラシのすき込み量を8t分まで増やすと、キタネグサレ、ナミラセン、ダイズシストセンチュウは約8割かそれ以上の致死率で、サツマイモネコブセンチュウやミナミネグサレセンチュウでも5～6割の致死率になります。

●インゲンへのすき込み効果（都城市）

実際に、宮崎県都城市の秋播き利用で、線虫抑制効果を確認してみました。

チャガラシは春播きだとサツマイモネコブセンチュウを増やしてしまいますが、秋播きではエンバクより遅く播種できる対抗作物です。この時期に播種し、抽苔させて、生収量を8t確保、翌春、線虫の活動が始まるときにすき込み、防除ができないかを検討しました。

11月下旬に辛神を1kg播種、翌年4月上旬のすき込み量は生育が不十分で4tでした。しかしすき込み後の線虫密度は3.9頭/土20gと、播種時の36％まで減少、休閑区より少なくなっています（表33）。また、後作インゲンの収量は線虫の被害が出た休閑区に対して171％と極多収で、根こぶの発生数も明らかに少なくなっています。

● 要点 BOX ●
❶薫蒸作物が生じるイソチオシアネートガスには殺線虫作用も。ただしその効果は、線虫の種類、すき込み時期、すき込み量によって異なる。
❷積雪がない地帯では、越冬後に8tの生収量が得られること、土壌クリーニングができることは魅力。

●越冬させて8tの収量で線虫と病害を共に抑制

辛神は府県ではこのように晩秋から早春にかけて多くの線虫や土壌病原菌を共に減らせる緑肥です。効果は従来の線虫対抗作物より劣りますが、作物がつくられない時期に8tの収量と土壌のクリーニング効果は魅力的です。すき込みも容易で、肥効もあり、分解が早く、イネ科緑肥のようにダイコンの枝根の心配が少なくなります。

キタネグサレセンチュウの抑制効果は「緑肥ヘイオーツ」が一番ですが、チャガラシ（辛神）は多種類の線虫を減らす点で優れています。線虫密度が少ない場合や、後作がジャガイモ、テンサイの場合はシロガラシよりチャガラシが適しています。

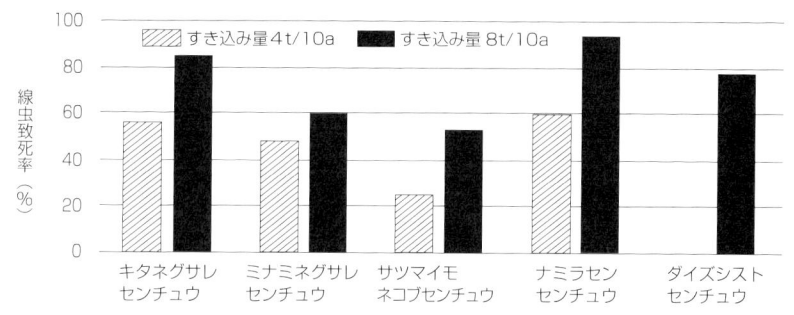

図33 チャガラシによる各種線虫の抑制効果（雪印種苗、2008）
注）ダイズシストセンチュウの4t区のデータは欠如している

表33 チャガラシ（辛神）によるサツマイモネコブセンチュウ抑制効果
（雪印種苗、都城市、2010）

品　種	線虫頭数			後作インゲンマメの収量		
	すき込み前 (頭/土20g)	すき込み後 (頭/土20g)	減少率 (%)	地上部重 (g/株)	比 (%)	根こぶ程度
辛　神	10.7	3.9	36.4	465	171	38.5
休　閑	16.8	9.5	56.5	272	100	49.8

注）チャガラシ播種：11/19、すき込み：4/1、後作インゲン播種：4/20、収穫：6/30

4 土壌病害を減らす！

Q34 薫蒸作物を効果的にすき込むには、どのような点に注意したらよいですか？

薫蒸作物の効果的なすき込み方

●イソチオシアネートガスは1週間前後で消える

イソチオシアネートガスは圃場では、すき込み後、すぐに発生し、温度条件にもよりますが1週間前後で消えていきます。

図34はチャガラシ粉末2t分（グルコシノレート39.4μmol/gDM含有）を管ビンに詰め、各種温度条件で処理した結果です。火山灰土壌が、堆厩肥を施用した腐植に富む黒ぼく土壌より明らかに発生量が大きく、効果が期待できます。黒ぼく土壌では18時間程度で検知できなくなり、火山灰土壌でも15℃を除き、48時間後には検出できなくなりました。その ため、ハウスでは早期の被覆処理が大切です。

●夏場の処理、砂質土壌で効果が高い

ガスの発生量は35℃、25℃、15℃の順に多く、黒ボク土壌での15℃の発生量は明らかに少なくなっています。黒ボク土壌は有機物が多く、ガスが吸着されるためと思われます。高温ほど発生が多く、とくに夏場のすき込みで砂質土壌では効果が大きいと思

われます。

●すき込みは開花期前後が効果的

茎葉で生産されたグルコシノレートは開花した花や種子に蓄積されます。次いで葉に多く、抽苔した茎の含量はかなり少なくなります。チャガラシのすき込み適期は、抽苔しない場合には葉が豊富な時期か開花初期、府県では越冬・抽苔し、開花した頃も適期です（写真34‐1）。

●ロータリですき込み、ハウスでは2週間薫蒸

フレルモアで細断後、すき込みはロータリ耕で十分です（写真34‐2）。すき込み後、すぐに分解が始まるので、ハウスではかん水させ、早めにビニール被覆し、2週間程度薫蒸します。露地では鎮圧すれば、ガスの飛散が少しは少なくなります。ビニールを剥いで1週間放置、チャガラシの分解も、茎が若干

● 要点BOX ●
❶イソチアネートガスは1週間前後で消失。❷高温で、有機物が少ない砂質土壌での効果が大きい。❸すき込みは開花期前後に、ロータリで。ハウスでは2週間薫蒸処理。その後1週間ビニールを剥いで放置する。

図34　異なる土壌と温度条件下でのイソチオシアネートガスの発生量の違い
（雪印種苗、2012）

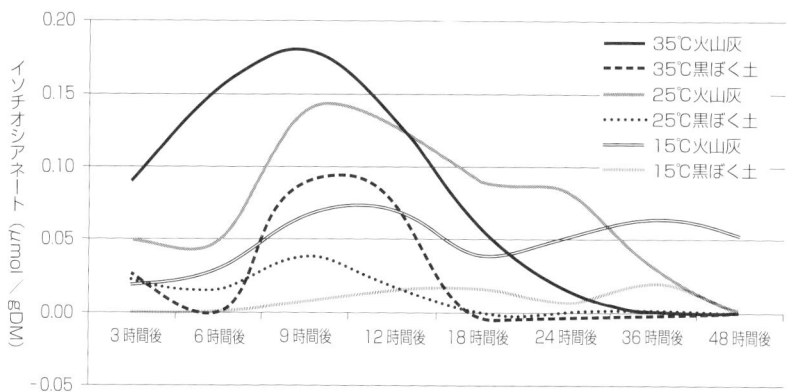

縦軸：イソチオシアネート（μmol／gDM）
横軸：3時間後、6時間後、9時間後、12時間後、18時間後、24時間後、36時間後、48時間後

- 35℃火山灰
- 35℃黒ぼく土
- 25℃火山灰
- 25℃黒ぼく土
- 15℃火山灰
- 15℃黒ぼく土

> 辛神の薫蒸効果は有機質が少ない火山灰や砂質土壌で、高温ほど効果が大きい

写真34-1
すき込み前のチャガラシ
（ハウス）

写真34-2
チャガラシのすき込み
フレルモアで細断後、ロータリ耕で十分すき込める

写真34-3
すき込み後の被覆

残る程度に進んでいます。その後、表土をレーキで軽くならして、後作を播種します。トマト青枯病や病原菌が極強の場合、病害がひどい場合には湛水させる還元消毒との併用が効果的です。

5 景観維持・農薬飛散防止・防風防虫・バンカープランツほか

Q35 遊休地、耕作放棄地が増えています。また畦畔管理の手間も大変です。これらに役立つ緑肥作物は何ですか？

景観美化

●キカラシ、アンジェリア、くれないなど

景観緑肥は、シロガラシ「キカラシ」（黄）、ハゼリソウ「アンジェリア」（紫）、クリムソンクローバ「くれない」（深紅）が始まり、ヒマワリの極早生「夏りん蔵」（黄色）が加わり、本格化しました。府県では春先のレンゲ（ピンク色）や菜の花（黄色）が古くから有名で、線虫対抗作物のクロタラリア「ネマキング」も、夏過ぎにきれいな黄色の花を咲かせます。

最近はヘアリーベッチの水田裏作栽培が盛んになり、紫色の花を春先に見かけるようになりました。

●景観だけでなく緑肥本来の使い勝手もよい

キカラシの栽培はクリーン農業の一環として、北海道の国道39号線沿いを知床半島に向かう観光道路沿いで始まりました。この地帯ではハクサイやレタスの土づくりに緑肥が普及し、地域をあげて化学肥料の低減による高原野菜の生産に取り組んでいます。国道から300mの幅に、10〜20kmにわたってコムギの後作緑肥としてお盆頃に播種され、10月上旬には開花し、観光客を楽しませます。

アンジェリアは春播きで蜂花作物として利用され、開花期間が長く、夏前まで楽しめます。きれいな珍しい花はドライフラワーにも利用されています。府県ではネギの緑肥として普及し、良質なネギ生産と景観美化に役立っています（表35）。

後作ネギの収量はソルゴーでは減収、アンジェリア後作では慣行区より若干多収、葉色にも優れ、L規格が明らかに多くなっています。アンジェリアはソルゴーより炭素率が低いので分解が容易で、病害虫にも強い作物で、すき込みやすい利点があります。菌根菌も着生し、リン酸の有効利用が期待できます。

● 要点BOX ●
❶北海道ではコムギ後作のキカラシロードが観光客誘致で一役。
❷府県でも遊休地を利用して春播きでキカラシ（黄）、くれない（深紅）、アンジェリア（紫）、ヒマワリ（黄）が楽しめる。❸畦畔管理には扱いやすいセンチピードグラスが最適。

くれないは早播きほどきれいな花を咲かせます。キカラシ、ハゼリソウ、極早生ヒマワリと組み合わせると、3色のきれいな観光農園ができます。分解が早く、すき込みやすい有機物で、土づくりにも役立ちます。この他にも府県では春の菜の花、道内では北海道の夏りん蔵（ヒマワリ）が人気です。

● 畦畔管理にセンチピードグラス

最近、水田の畦畔管理にセンチピードグラスとベントグラス（畦畔グリーン）が好評です。センチピードグラスは東南アジア由来の暖地型芝生で、耐暑性に優れ、ほふく茎があり、繁茂すると雑草抑制や省力管理に最適です。草丈で20～30cm、2年目にやっと繁茂するくらいで生育は遅いのですが、一度定着すると後の管理が楽で、道路の法面(のりめん)維持にも使われています。

播種量は10a当たり10～30kgですが、セルトレイによる移植ポットも販売されています。畦畔グリーンは耐暑性と初期生育に優れた寒地型芝生です。とくに積雪地帯に最適で、播種量は10～20kgです。

表35　アンジェリア栽培後のネギの収量と品質 (雪印種苗、JAちば、2005)

前作	前作 （本）	ネギの長さ (cm)	1本重 (g)	葉色	規格（%）			
					L	太	細	外
アンジェリア	36	89	108	58	50	0	39	11
ソルゴー	21	72	79	58	29	0	62	10
慣行区	30	79	102	51	43	0	53	3

注）アンジェリア播種：2003年11月、すき込み：2004年5月、
　　ネギ（品種「秀逸」）の定植：2004年6月、ネギの調査：2004年12月。
　　葉色はSPADで測定した。

センチピードグラス　　　　　　　　　　　　　ヘアリーベッチ（藤えもん）

写真35　法面緑化にセンチピードグラス、水田裏作にヘアリーベッチ

5 景観維持・農薬飛散防止・防風防虫・バンカープランツほか

Q36 緑肥作物で天敵を増殖、定着させて、防除に役立てている人がいると聞きましたが……

天敵保護と増殖（バンカープランツ）

●天敵を増やすエサ作物を栽培、増殖させて害虫防除

バンカーとは銀行家という意味です。天敵のエサを増やす作物をバンカープランツと呼び、このエサを食べて増えた天敵が園芸作物の害虫を食べて防除します。

農研機構ではモモアカアブラムシやワタアブラムシ対策のため、「アブラムシ対策としての技術マニュアル」を作成し、天敵の活用を呼びかけています。

これを見ると、ハウス栽培ではまず、ナス等の畝間にムギをバンカープランツとしてプランターに栽培します（写真36上）。大きく育ったら、ムギクビレアブラムシ*1を接種、白色寒冷紗で囲って保護し、コレマンアブラバチのエサとして増殖させます。1～2週間後、天敵のコレマンアブラバチを放すと、ムギがアブラムシに形成され（写真36下）、ここからコレマンアブラバチの成虫が出てきて、増えていきます。

月に1回、エサのムギクビレアブラムシを追加します。このコレマンアブラバチが増殖し、ナスの害虫であるアブラムシを減らしてくれます。

注意点としては、バンカーは10a当たり4カ所以上、日当たりのよい場所に設ける、この技術はハウス内のみの適応であること、夏場はムギの代わりに三尺ソルゴーのような草丈が低いソルゴーを条播する、ムギクビレアブラムシが増えすぎるとムギが枯死するので注意する、と述べられています。

●ソルゴー障壁で土着天敵を活かす

『現代農業』誌では岡山県のナス農家の事例（30a栽培）を紹介しています（2000年6月号87ページ）。

初めは普及所からソルゴーの防風垣を勧められたのがきっかけですが、4月20日頃播種し、5月の連休に定植したところ（ソルゴーの草丈30cm）、いつものミナミキイロアザミウマの発生がなく、農薬も無散布できれいなナスが収穫でき、ビックリしたそ

●要点BOX
天敵資材や土着天敵をバンカープランツで増やし、維持して、害虫を防除できる。

ナスの畝間のバンカープランツ
（オオムギ、矢印）

バンカープランツで天敵を維持・増殖し、害虫侵入直後から攻撃

バンカープランツ上に形成された天敵コレマンアブラバチのマミー

写真36　バンカープランツ　（長坂氏提供）

うです。ソルゴーに土着天敵のヒメハナカメムシが付いて、防除の必要性がなくなったというのです。次の年、この農家は定植時にアドマイヤー剤処理で初期防除を行なった後は、バンカープランツを活かし、さらによい結果を得ています。

＊1　ムギクビレアブラムシをコムギに接種した製品「アフィバンク」アリスタライフサイエンス製があります。
＊2　羽化成虫の市販品「アフィパール」（アリスタライフサイエンス製）があります。

83　Part1　緑肥の魅力、活用法

5 景観維持・農薬飛散防止・防風防虫・バンカープランツほか

Q37 緑肥作物で農薬飛散もある程度防げると聞きましたが……

2006年にポジティブリスト制度*が導入され、防除機械などによる周辺作物への農薬飛散が厳しく制限されるようになりました。ここでは、園芸作物の外周に、ネットの代わりにエンバクやソルゴーなど緑肥作物をドリフトガードクロップとして利用する方法を紹介します（写真37）。

●エンバク、ソルゴーなどを園芸作物の周囲に

エンバクでは耐倒伏性・耐病性に優れた「とちゆたか」が最適で、前年の秋に3〜5畝前後条播すると、春には腰高くらいの障壁ができます。5月を過ぎると結実するので、穂刈りして、種子の自然落下と雑草化を防ぎます。

この後の障壁作物としては、5月中旬過ぎにソルゴーを30cm間隔で3畝前後条播します。6月末に大きくなったら枯死したとちゆたかを刈り捨てます。ソルゴーには種類が多く、1〜1.5m前後なら「三尺ソルゴー」、2〜2.5mくらいなら「グリーンソルゴー」、3mなら「つちたろう」と園芸作物の大きさによって使い分けします。写真37左の三尺ソルゴーは強風に強く、台風による茶畑の塩害を防いだ実績があります。グリーンソルゴーは緑肥用の一般種で、つちたろうは極晩生の大型種です。これらソルゴーをナスの外周に使えば、自然の天敵を増やし、バンカープランツの役割も期待できます（Q36参照）。

●ソルゴー条播で一定の効果

群馬県でドリフトガードクロップとしてナシ園の外周にソルゴーとトウモロコシを播種、スピードスプレーヤを走らせてそのドリフト防止効果を調べています。トウモロコシの草丈は280cm、ソルゴーは210cmで、スプレーヤはこの内側3.6mを1.4km/時で走行しました。

調査は感水紙を置いて、飛沫の付着度でドリフト指数を出し、比較しました（図37）。結果は、圃場境界から近いほど飛散は多く、無処理では7.5mまで飛散しています。ソルゴーとトウモロ

要点BOX
ドリフトガードクロップとは園芸作物の外周に緑肥作物などを播種、農薬の飛散を防ぐこと。エンバク「とちゆたか」や三尺ソルゴーなどが最適。

防風・農薬飛散防止

コシではソルゴーが条播のためスタンドが密になり、飛散度は低く、6m離れると指数は2と、かなり少なくなっています。ドリフトガードクロップで完全な飛散防止はできないものの、トウモロコシよりソルゴーが一定の飛散防止効果はあると結論づけられています。ソルゴーには品種が多く、ドリフトガードクロップに最適です。播種量は3～5斤程度、外周を囲むとしてソルゴーで1.5kg、エンバクで3kg程度です。施肥はチッソで5kgが目安です。

なお、群馬県の報告ではドリフト軽減ノズルの利用も勧められています。

エンバクやソルゴーを園芸作物圃場の周囲で育て、農薬の飛散や害虫の飛び込みなどをブロック

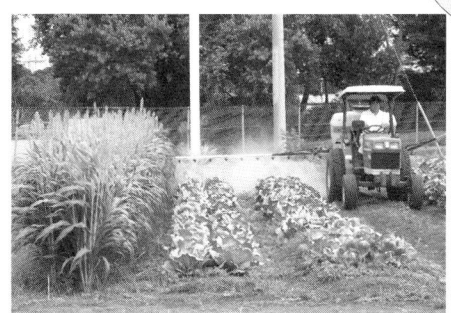

＊ポジティブリスト制度　残留基準の設定されている農薬はその基準内でのみ、設定されていない農薬については、「人の健康を損なうおそれのない量」（一律基準値0.01ppm）を超えないよう使用を制限する制度。

写真37　ドリフトガードクロップの利用（左：キャベツ、右：ナスの例）。いずれも左側がドリフトガードクロップ

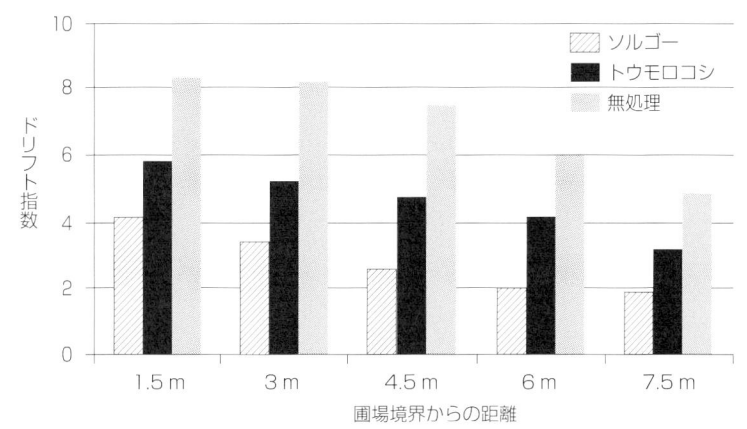

図37　ナシ園周辺部に播種されたドリフトガードクロップの効果（酒井ら、2006）

注）ドリフト指数：感水紙付着度評点　多：10～0：少

5 景観維持・農薬飛散防止・防風防虫・バンカープランツほか

Q38 果樹園の省力的な雑草管理に役立つ緑肥作物はありますか？

雑草管理・果樹園草生栽培

● 使い勝手のよいのはヘアリーベッチとナギナタガヤ

海外ではワイン用のブドウの下草にヘアリーベッチ、わが国でもカキやナシの茶畑の下草はヘアリーベッチ、ナギナタガヤは果樹園やナシの茶畑の下草抑制を目的に幅広く用いられています。古くから牧草として有名なオーチャードグラス（オーチャードは果樹の意味）やケンタッキーブルーグラスは世界中で果樹の下草として利用されていました。

神奈川県ではヘアリーベッチとナギナタガヤ生栽培で、雑草がどの程度抑制されるかを調べています。ヘアリーベッチは秋播きすると、翌春の4月中～5月上旬には全面を覆い、雑草も見えなくなります（図38・1）。草丈は60cm前後で、作業性に問題がなく、アブラムシの発生もありませんでした。5月下旬には枯死、マルチ状になり、水分保持と雑草を抑制します。地力チッソの低減も5kg／10a程度は可能

で、カキやナシの下草として普及しています。
ナギナタガヤは草丈で50cm程度に伸び、5月には出穂、倒伏し、地表を覆うため、図38・2でも雑草は4月22日から完全に消えています。雑草抑制効果はヘアリーベッチより高いとされ、枯死期間は3カ月、9月上旬になると、自然落下した種子が発芽してきます。そのため、2年以降は発芽してない場所のみを補播します。ウメ、ナシ、カキ園（写真38）や茶畑の畝間に普及しています。

●雑草抑制のほか果樹のストレス解消にも

私たちの調査では、ナギナタガヤ栽培区は裸地区に比べ、地温抑制と水分保持が良好になっています。深さ5cmでは6℃前後も最高地温が低く、7月の裸地区では深さ5cmで35℃、25cmでも30℃以上でしたが、ナギナタガヤ栽培ではいずれも30℃以下となり、果樹のストレス解消に役立っていました。

● 要点BOX
果樹の下草、雑草防除にはナギナタガヤ、カキ、ナシにはヘアリーベッチが最適。地温の急激な上昇がなくなり、土壌水分の保持が改善される。

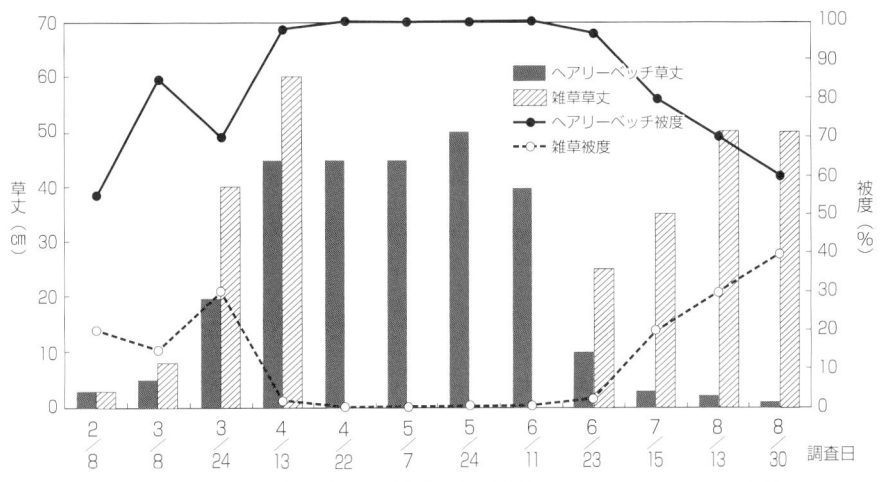

図38-1 ヘアリーベッチ草生栽培による雑草の抑制効果（神奈川農総研、1999を改変）

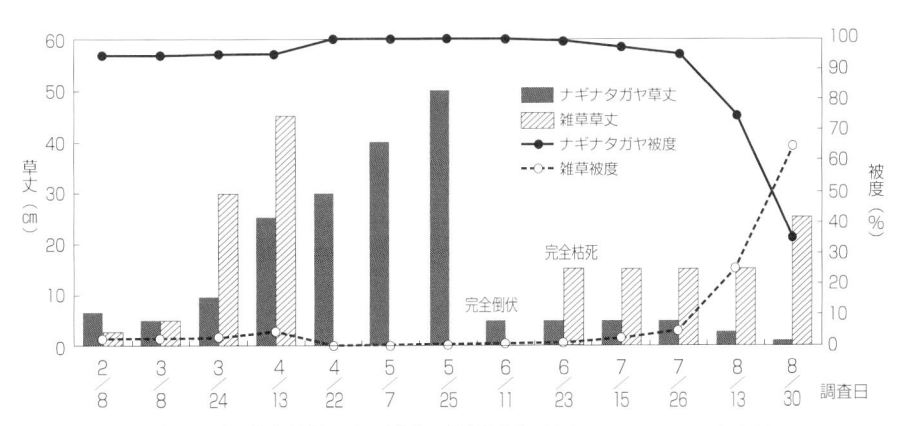

図38-2 ナギナタガヤ草生栽培による雑草の抑制効果（神奈川農総研、1999を改変）

写真38 ナギナタガヤの草生栽培（左：5月の状況）とまめ助草生栽培（右：枯死）

5 景観維持・農薬飛散防止・防風防虫・バンカープランツほか

Q39 長崎県でジャガイモをつくっています。梅雨時の大雨で表土が流されて大変です。これに効果的な緑肥作物は何ですか？

表土の流亡防止

梅雨時のジャガイモ畑の赤土が河川に流亡し、堤防が塞がれていると、有明海の海面が茶色になるくらいに被害が生じます。長崎県ではこの土壌流亡を防ぐカバークロップ品種の選定試験が行なわれ、「2期作バレイショ栽培に適した緑肥（カバークロップ）栽培マニュアル」（2013年）が発表されています。

緑肥の選定条件としては、春と秋のジャガイモの空いている時期、すなわち5月下旬から8月までの栽培期間であること、また、そうか病防除のため土壌pHは4〜5と酸性であること、播種期が5月下旬〜6月と梅雨前に当たり、寒地型の緑肥では対応が難しいこと、さらに排水不良の改善や地力対策も兼ねたいことなどがありました。

●長崎県の「緑肥（カバークロップ）栽培マニュアル」から

●pH、耐湿性、被覆速度、傾斜度でチェック

まずpHが5.5のときの生育を100として、異なる酸性土壌における生育を指数化して比較したのが図39‐1です。エンバク野生種が、もっとも低pH土壌で生育が旺盛で、次いでヒマワリがよい結果です。しかし、pHが4.2になるとどの緑肥も生育が不良になります。そのため生育改良のためには石灰資材が必要となり、施用は緑肥播種前が望ましいとされています。

次いで多湿土壌で生育が良好な作物はヒエでした。逆にムギ類とクロタラリアは不良で、これらには排水性の改良が必要です。

さらにより早く、圃場の表土を覆う緑肥（土壌流亡や雑草抑制効果が高くなる）を、生育状況の写真撮影と画像解析で被覆率の推移で調べたところ（図39‐2）、もっとも生育が早く、土壌の被覆速度が速かったのはエンバク野生種（「緑肥ヘイオーツ」など）、ヒエ（青葉ミレット、グリーンミレットなど）で、次いでスーダング

要点BOX
❶エンバク野生種はpHが低い酸性土壌でも生育が早く、土壌の被覆が早いため表土の流亡防止に効果が大きい。❷5月末までならこのエンバク野生種、6月に入ったらヒエ（ミレット）が最適。

ラス「ねまへらそう」やソルゴーでした。クロタラリアやエビスグサは5月中旬では播種期が早いため生育が遅く、被覆速度が遅くなりました。そして、土壌流亡抑制効果が傾斜4度の枠試験で行なわれています。

この試験でもっとも土壌流亡を抑制したのは分げつが多いイネ科緑肥で、とくにエンバク野生種とヒエの効果が大きく、無栽培区に比べ、土壌の流亡量が1割程度でした。

● それぞれの条件から次の緑肥に

最適緑肥は、結局それぞれの条件に応じて以下のように選定します。

・強酸性（pHが4.5以下）でも対応できる作物→エンバク野生種、ヒマワリ、セスバニア

・排水不良圃場に適する緑肥→ヒエ（ミレット）

・土壌流亡抑制効果が高い緑肥→エンバク野生種、ヒエ（ミレット）

・すき込み作業が容易な緑肥→エンバク野生種、クロタラリア（C. spectabilis）、エビスグサ

・減化学肥料が可能な緑肥→クロタラリア、エビスグサ等のマメ科作物

・播種期が遅れ、梅雨時期の播種となったときの緑肥→ヒエ（ミレット）

図 39-1 酸性土壌での緑肥作物の生育の違い（長崎県、2013を改変）
注）pH5.5の茎葉重を100とした生育指数で示す。

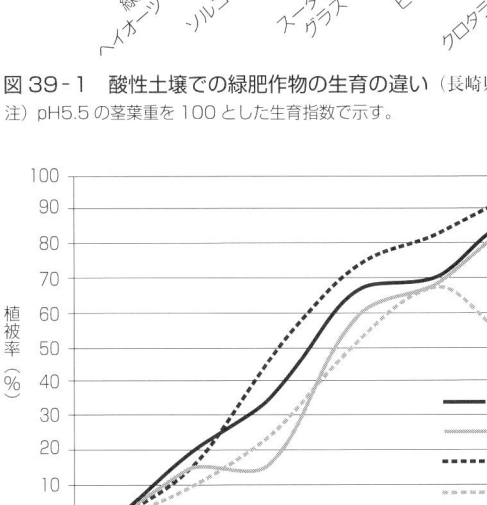

図 39-2 各緑肥作物の土壌被覆率の推移（長崎県、2013）

5 景観維持・農薬飛散防止・防風防虫・バンカープランツほか

Q40 クリーニングクロップについて教えてください

●過剰な養分を緑肥に吸わせて搬出

施設園芸の土壌は栽培面積が限られ、連作が続くことから、極端な塩類集積と有機物不足になり、その対策に悩まれている方も多いと思われます。とくに塩基飽和度が100を超えた土壌ではいくら施肥をしても、土壌に肥料成分をつかむ手がないために流亡してしまいます。また、塩類濃度が高まると、ECが高くなり、作物は幼苗で萎凋・枯死していきます。

この解決策には一つは土壌の湛水処理、もう一つは長大作物をクリーニングクロップとして栽培し、これに過剰な肥料成分を吸わせて、系外へ搬出する方法があります。ここではクリーニングクロップを紹介します(写真40)。

●カリとチッソが減り、EC値が改善

異なる肥料成分の土壌に4種類のクリーニングクロップを栽培して除塩率を見た千葉大学の試験があります。そのうちで、もっともECが高かったⅣ区(EC2.84)の栽培55日目の結果を見ると、もっとも除塩されたのはカリウムで、次いでチッソ、マグネシウムで、リン酸とカルシウムはあまり減っていません(表40−1)。

作物別ではトウモロコシが最多収で、養分吸収量ももっとも多く、次いでソルゴー、シコクビエとローズグラスには大差がありませんでした。その結果、ECが55日目にはトウモロコシで1ms/cm低下し、シコクビエとソルゴーで0.6〜0.7ms/cm、ローズグラスは0.3〜0.5ms/cmの順になりました。

●湛水処理でチッソ溶脱が減る

高知大学農学部ではトウモロコシ、ソルゴー、ギニアグラスのチッソ吸収特性をスイカ栽培土壌で調べて、チッソの吸収率は地上部が多収のものほど多く、チッソの吸収率は地上部が多収のものほど多く、トウモロコシで10a当たり18.3kg、ギニアグラス同14.8kgとなり、ソルゴー同12.8kg、ギニアグラス同14.8kgとなり、やはりトウモロコシがトップです(表40−2)。

次いで湛水し、チッソの溶脱率をみたところ、

●要点BOX●
❶露地では生育量が多いトウモロコシがソルゴー以上にクリーニングクロップに最適。❷ハウスの過剰な塩類除去にはソルゴーのクリーニングクロップ利用が最適。

クリーニングクロップ

写真40 クリーニングクロップによるハウスの過剰塩類の除去

栽培なしのブランク土壌で72%、トウモロコシが20%、ソルゴー29%、ギニアグラス30%となりました。このことからクリーニングクロップはチッソの溶脱防止に有効であるとまとめています。

＊塩基飽和度　陽イオン交換容量（CEC）のうち何%が陽イオンの肥料成分で満たされているかを示す。

表40-1　クリーニングクロップの乾物収量と除塩率（嶋田、1979）

クリーニングクロップ	乾物収量(g/株)	除塩率（%）					ECの低下率(%)
		チッソ	リン酸	カリ	カルシウム	マグネシウム	
トウモロコシ	77.3	40.0	8.8	53.3	8.5	22.4	69
ソルゴー	52.1	28.2	5.1	33.1	5.2	12.8	85
シコクビエ	23.2	21.8	4.2	31.1	6.7	9.6	77
ローズグラス	27.8	20.0	3.7	33.1	3.1	5.6	84

注）当初のECが2.84ms/cm（4区）で、栽培55日目の値から計算した。

表40-2　各草種のチッソ吸収量と溶脱率（近藤ら、2009を改変）

草種	地上部乾物重(kg/10a)	チッソ吸収量(kg/10a)	無機態チッソ初期土壌(mgN)	植物チッソ吸収量(mgN)	終了時土壌無機態チッソ(mgN)	溶脱率(%)
トウモロコシ	1738	18.3	1289	1764	100	20
ソルゴー	1262	12.8	1296	1228	85	29
ギニアグラス	1296	14.8	1325	1422	141	30
ブランク					478	72

注1）8/6にプランターに播種し、60日栽培後調査した。その後10/10に湛水処理を行なった。
注2）当初の土壌はEC:0.076〜0.092ms/cmである。

5 景観維持・農薬飛散防止・防風防虫・バンカープランツほか

Q41 緑肥作物導入による収量の改善効果はどの程度ですか？ 具体的な事例があったら教えてください

●1～2割程度の増収＋商品化率アップ

表41は、本書で紹介した緑肥作物による後作の増収効果をまとめてみたものです。

千葉県では、休閑緑肥（トウモロコシ）の翌年（初年目）、とくに増収したのはハクサイ116％、コカブ114％、ホウレンソウ129％、ニンジン136％で、品目により異なりますが、慣行区に比べて1～3割多収になり、増収効果は2年目も期待できます。トウモロコシは種子代に4000円、肥料と除草剤を込みで8000円くらいの経費です。

長崎県の諫早湾干拓地ではソルゴーを作付け、排水性の改善と有機物のすき込みの効果で、キャベツが126％と多収しています。仮に販売価格で30万円とすると、平均2割アップで6万円の収入増になっています。ソルゴーは除草剤がなく、肥料代を含めても5000円と割安です。

埼玉県の転換畑では、マメ科緑肥のセスバニア「田助」が、排水性の改良と根粒菌のチッソ固定で後作コムギが156％の増収に、秋田県大潟村のヘアリーベッチも、排水性を改善し、後作ダイズが142％と極多収です。土壌の排水性の改善効果が、いかに大きいかがわかります。

次いでソルゴーの「つちたろう」が、サツマイモネコブセンチュウ対策ですが、休耕区に比べ、茨城県で123％、千葉県で118％と約2割増収です。

露地サツマイモの収益は10a当たり20～30万円、2割の増収で4～6万円の収益改善と商品率の向上が計られ、農薬代の節約も見込めます。対抗作物の効果は2～3年ですから、これを組み入れた栽培を検討すれば、さらに経営効果は上がると思われます。

●緑肥効果は複数年、経営効果をさらにプラス

● 要点BOX ●

❶緑肥（有機物）による後作の増収効果は1～2割、これに排水性の効果等による収入アップと、減肥と減農薬による経費削減が加わる。この見極めポイントが大切。❷ヘアリーベッチのすき込みでは1～2割増収＋減肥・減農薬の経費節減効果。❸大事なのは、①倒伏に強いイネ品種の選定、②適正量のすき込み、③最高分げつ期の葉色でチッソ不足を判断し、不足なら穂肥を検討する。

緑肥作物の収量・経営改善効果

埼玉県では過剰に蓄積した硝酸態チッソの地下水汚染対策で「緑肥ヘイオーツ」を栽培、後作キャベツが157％も極多収、2割減肥でも減収はありませんでした。富山県でも転換畑のダイズの地力対策で、慣行区対比で119％と多収になり、品質も向上しています。

● ヘアリーベッチ栽培によるイネ増収

ヘアリーベッチすき込みによる水稲の増収効果も注目されています。過去の各地試験場の成績をまとめたのが、次ページの図41です。

香川県の近中四農研センター（コシヒカリ、こがねまさり）では114％と極多収、雑草も入水後2週間は抑制されています。現地農家（高知県）の水田（こがねまさり）でも106％と多収です。熊本県（ヒノヒカリ）では直播水田も検討し、ヘアリーベッチ区は3カ年の平均収量で97％と大差がなく、コスト面を考えるとプラスになります。

新潟県ではコシヒカリを使い穂肥をチッソで1kg施用していますが、収量は慣行区と大差がありませんでした。石川県（コシヒカリ）でも穂肥の必要を認め、ヘアリーベッチ区は慣行区対比で116％と極多収、改善した穂肥をやると105％とやや多収になって

表41　緑肥作物による後作の増収効果（慣行区：化成肥料・無栽培区を100％とする。）

場所	年	導入方法	緑肥作物	後作	後作収量比(%)	有機物の補給	排水性の改善	線虫対策	減肥とチッソ供給
千葉県	1973	休閑緑肥	トウモロコシ	ハクサイ	116	◎			
				コカブ	114				
				ホウレンソウ	129				
				ニンジン	136				
埼玉県	1988	休閑緑肥	田助	コムギ	156	○	◎		◎
埼玉県	1998	休閑緑肥	緑肥ヘイオーツ	キャベツ	157	◎			
長崎県	2008	休閑2年	ソルゴー、田助	キャベツ	126	◎	◎		
茨城県	2004	休閑緑肥	つちたろう	ニンジン	123	◎		◎	
			ソイルクリーン		110				
秋田県	2006	裏作緑肥	ヘアリーベッチ	ダイズ	142	○	◎		○
千葉県	2006	休閑緑肥	つちたろう	サツマイモ	118	○		◎	
			ソイルクリーン		111				
富山県	2006	裏作緑肥	ヘアリーベッチ	ダイズ	119	○			◎

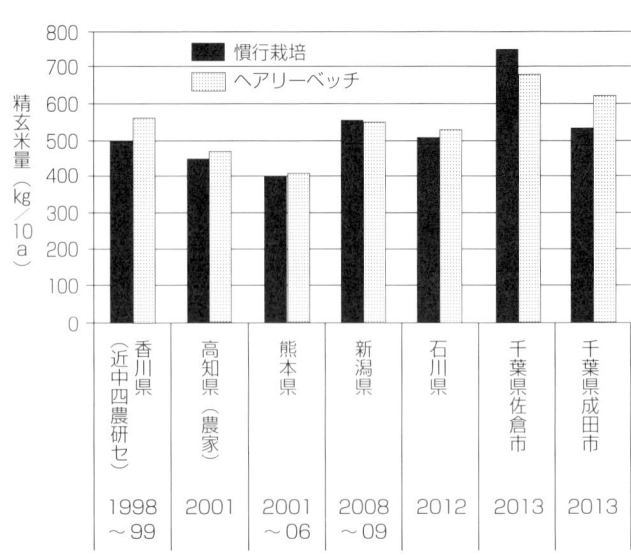

図41 ヘアリーベッチ後作イネ収量の収量比較

（グラフ：精玄米量（kg/10a）、慣行栽培とヘアリーベッチの比較）
- 香川県（近中四農研セ） 1998〜99
- 高知県（農家） 2001
- 熊本県 2001〜06
- 新潟県 2008〜09
- 石川県 2012
- 千葉県佐倉市 2013
- 千葉県成田市 2013

初年目は4tすき込みで倒伏させ、低収になりました。しかし2〜3tに抑えた翌年からは問題がなくなり、有効態リン酸が基準値より低い佐倉市（ふさこがね）では95％とやや低収〜並み、導入が2年目になる、基準値内の成田市（ヒメノモチ）では116％と極多収、収益面でもかなりプラスになりました。現地でも普及しています。

新潟県では2年目以降はチッソ過多による倒伏を防ぐため、すき込み量を少なめにするようにしています。

●経費減＋増収で大きな経営効果

平成24年産水稲の肥料代は、10a当たり9339円、農薬代7530円となっています（合計1万6869円）。これがヘアリーベッチ無肥料栽培ができれば肥料代はゼロ、農薬代は2000円弱の低減が可能で、ヘアリーベッチの種子代が4kgで3500円前後で、計9030円となり、差は7839円となります。それに土づくりと増収を加えると大きな経営効果が期待できます。

それぞれのデータについて詳しくはQ61以降で紹介していますので、参照してください。

私たちの平成23年からの試験結果からも、ヘアリーベッチすき込みの水田は年々地力が向上していると感じています。

Part 2 入門編

緑肥作物の種類と特性

Q42 どのような作物が緑肥作物になりますか？

緑肥作物の種類

ングラスは暖地型の長大作物です。府県では休閑緑肥や春に主作物を収穫した後に後作緑肥として使われます。とくにソルゴーやスーダングラスには線虫抑制効果があるものがあり（表43）、播種期が広いことから園芸作物に適しています。暖地型牧草のギニアグラスにはネコブセンチュウを減らすものが多く、根物作物の対抗作物として利用されますが、前者に比べて乾草として刈り取った後の再生が期待でき、酪農では乾草利用されています。

●短期・多収はエンバクやライムギ、マメ科緑肥

寒冷地での線虫対策や早春・秋播きはエンバク野生種の「緑肥ヘイオーツ」がお勧めで、ネグサレセンチュウを減らすことから根物作物や北海道の畑作地帯の線虫対策に幅広く使われています。エンバクは夏過ぎに播ける短期多収作物の代表で、「スナイパー」はサツマイモネコブセンチュウを減らします。ライムギ「R-

どのような植物でも有機物としての緑肥の効果は期待できますが、結実して自然脱粒する作物は翌年に雑草化する危険性があります。有害線虫や病原菌を増やしたりする危険性や、収量性、炭素率の検討も必要です。

●牧草・飼料作物の品種が多い

緑肥作物は牧草・飼料作物（主にイネ科・マメ科作物）から線虫や土壌病原菌の抑制効果、雑草化を調査し、播種期試験を行ない、最適な利用方法を確認して、商品化されています。これ以外に緑肥専用として開発された作物に、ヒマワリ、シロガラシ、チャガラシ、クロタラリア、ハゼリソウ、マリーゴールド、マルチムギなどがあり、これらは線虫抑制やマルチ、景観美化の機能が優先に開発され、その後、利用性や収量の確認がなされたものです。

表42に主な作物と機能や効果をまとめました。酪農分野で栄養価が高く、倒伏に強いサイレージ利用されているトウモロコシや病害、倒伏に強いソルゴー、スーダ

● 要点BOX ●
緑肥には、エンバク野生種・ムギ類、マメ科作物、シロガラシ、ハゼリソウ、ヒマワリ、ソルゴー、トウモロコシ、イネ科牧草、マメ科牧草など多種類に及ぶ。

007」は積雪地帯での越冬緑肥です。リビングマルチとして使われているオオムギのマルチムギや「てまいらず」は出穂が少なく、草丈も低く、枯死していく特性を生かしています。ライムギのR-007も秋播きでは出穂しますが、春播きでは出穂がなく、倒伏しやすい特性をカバークロップ利用に生かしています。

マメ科作物ではダイズシストセンチュウを減らすアカクローバと、クリムソンクローバの「くれない」が開発されています。アブラナ科ではチャガラシ「辛神（からじん）」が薫蒸作物、シロガラシのキカラシが景観緑肥として好評です。

●ヒマワリ、ハゼリソウ、クロタラリア…

ヒマワリやハゼリソウは花がきれいな土づくり作物で、土づくり以上に景観美化で有名になりました。暖地型マメ科作物のクロタラリアは地力増進と線虫対策で、湿地に強いセスバニアは排水性の悪い圃場の透水性の改善作物として開発されています。次項から作物ごとに説明を致します。

表42 緑肥作物の効果と最適作物の選抜

作物	播種期（関東平地）			有機物の補給	排水性の改善	チッソ減肥	リン酸有効利用	マルチ・防風	土壌病害対策	景観美化	線虫対策		
	3～5月	5下～8月	9～10月	10～11月								ネグサレ	ネコブ	サツマイモ	ダイズシスト

作物	3～5月	5下～8月	9～10月	10～11月	有機物の補給	排水性の改善	チッソ減肥	リン酸有効利用	マルチ・防風	土壌病害対策	景観美化	ネグサレ	ネコブ	サツマイモ	ダイズシスト
トウモロコシ	◎	◎			◎			◎							
ソルゴー		◎			◎								◎		
スーダングラス		◎			◎							○	△		
ギニアグラス		◎			◎							○			
エンバク野生種	◎		◎		◎			◎		◎		○		◎	
エンバク	◎		◎		◎			◎						◎	
ライムギ	◎		◎		◎										
イタリアンライグラス	◎		◎		◎										
てまいらず	◎				○				◎						
ナギナタガヤ			◎		○										
センチピードグラス		◎			○										
アカクローバ			不適		△	○	◎	◎			○				◎
クリムソンクローバ	◎				○		◎				◎				○
ヘアリーベッチ	◎		○		○		◎	◎			○				○
クロタラリア		◎			◎		◎				○	◎	◎	○	
セスバニア		◎			◎	◎	◎					○			
チャガラシ	◎				○					◎					
シロガラシ	◎				○						◎				
ヒマワリ		◎			○			◎			◎				
マリーゴールド		◎			○						◎	◎	◎		
ハゼリソウ	◎			◎				◎			◎				

注1）◎：効果大、○：効果有　（正確な播種期はカタログ等で確認する）
注2）線虫抑制効果は対抗作物の評価で、一般種の効果はない。

Q43 トウモロコシやソルゴーの最適な使い道と利点は何ですか？

粗大有機物と保肥力の改善／休閑栽培（トウモロコシ・ソルゴー）

●最適なのはトウモロコシ、ソルゴー

土づくりのための休閑緑肥にはトウモロコシとソルゴーが最適です。いずれも炭素率が50前後と高く、分解が遅いため、すき込み後は腐植を増やし、保肥力を改善、団粒構造の形成に役立ちます。北海道では緑肥用トウモロコシが価格も安く、休閑緑肥やコムギ前作の土づくりには最適です（表43）。

府県では緑肥用トウモロコシの取り扱いはどの種苗会社にもないので、飼料用のトウモロコシを選定してください。私どもでいえばスノーデント系品種か「スノーデント王夏」があります。病害や倒伏には極強で、最適な熟期を選べば8月には黄熟期になり、乾物重で1〜1.5tは確保できます。その後9月以降の園芸作物につなげます。逆に春に園芸作物を1作栽培し、夏播きで2期作用のスノーデント王夏を休閑利用し、すき込むか、それができない場合には被霜させて、翌春3月頃に硫安か石灰チッソを散布、4月には圃場が準備できます。

トウモロコシはソルゴーに比べ、低温にも強く、播種期が早く、府県では夏前までにすき込み、酪農家は高エネルギーの家畜用エサにも利用できる

① 低温にも強く、播種期が早く、府県では夏前までにすき込み、酪農家は高エネルギーの家畜用エサにも利用できる
② イネ科用雑草には除草剤のワンホープ乳剤（王夏は登録がない）や外来雑草にはアルファード液剤が使え、処女地の雑草対策に向いている
③ リン酸を有効利用できるVA菌根菌を増殖するので、後作にリン酸減肥が期待できる
④ 種子が大きく、条播で7000本／10a前後で播種するため管理が楽である
⑤ 酪農家と耕畜連携がはかれる
⑥ 根張り（根耕力）に優れる

などの利点があります。

逆に留意点は、①キタネグサレセンチュウの増殖作物で、後作に根菜類は適さない、②病害や倒伏にはソルゴーのほうが強い、③サビ病が生じる6〜8月播きはスノーデント王夏とす

● 要点BOX ●
保肥力改善や団粒形成には、トウモロコシとソルゴーが最適。トウモロコシは除草剤と寒冷地に適応する点、ソルゴーは線虫を減らす点と暖地やハウスに強い点が違う。

④トウモロコシがうまくできない圃場では園芸作物もできない、ことです。

● ソルゴーでは線虫も減らせる

ソルゴーには線虫対抗作物の「つちたろう」と一般種の「グリーンソルゴー」や「普通種」、「スダックス」（カネコ種苗）等があります。トウモロコシに比べて利点は、

① 暑さと旱ばつに強く、ハウスでも使える
② 散播、面でも利用できるので、トウモロコシ以上に極多収、乾物で2tを狙える
③ トウモロコシのように雌穂はなく、家畜の嗜好性は劣りますが再生利用が可能で、1番草を飼料に、2番草を緑肥にできる
④ 耐病・耐倒伏性はトウモロコシより優れ、播種期が広く、8月まで播種できる
⑤ 園芸作物の外周に播種して、バンカープランツ

播種量は5kg前後、播種期はトウモロコシより遅く、5月下旬から8月中旬まで、条播でも散播でも可です。施肥はチッソで10kg前後、トウモロコシに準じます。

播種量は2kg前後（7000本/10a）、播種期は関東平坦地で、春播き5月上旬〜6月（遅播きは王夏で対応）、九州の夏播きは7月下〜8月上旬です。チッソは10a当たり成分量で10kgを施用しますが、園芸作物後では残肥を利用し、生育を見ながら追肥で対応します。

難点は雑草対策で、除草剤はゴーサンかゲザプリムフロアブルしか使えず、条播カルチ除草か、イネ科雑草の対策はトウモロコシに軍配が上がります。

やドリフトガードクロップとしても利用できるなどです。

表43 トウモロコシとソルゴー類の使い分け

作物	品種名	播種量 (kg/10a)	播種期			特性						リン酸有効利用	線虫対策	
			東北・高冷地	関東平坦地	西南暖地	除草剤	耐倒伏・耐病性	再生力	バンカー・ドリフト	夏播き	ハウス		ネグサレ	サツマイモネコブ
トウモロコシ	スノーデント系	7000粒	4下〜6上	5上〜6下	4上〜4下	○	×	×	×	×	○	◎	×	×
	王夏		不可	5下〜7中	4上〜8上									
ソルゴー	グリーンソルゴー	5	5下〜7下	5中〜8中	5上〜9上	△	○	○	◎	◎	×	○	×	×
	三尺ソルゴー												×	×
	つちたろう												×	◎
スーダングラス	ねまへらそう	5	5下〜7下	5中〜8中	5上〜8中	▲								佐賀、長崎、熊本
ギニアグラス	ソイルクリーン	1〜1.5	6下〜7上	6上〜8上	5中〜8上	×	△					○	◎	◎

注）ねまへらそうの県名はレース発生により効果がない県を示す。宮崎、鹿児島、沖縄県のレースには効果がある。
▲：除草剤の使用にあたっては注意する。

Q44 ムギ類やイタリアンライグラスの最適な使い道と利点は何ですか？

粗大有機物と保肥力の改善／短期栽培（ムギ類・イタリアンライグラス）

●気軽な土づくりと根菜類の線虫対策に

エンバクは早春と夏～秋に播種できる短期多収作物で、なかでもエンバク野生種の緑肥ヘイオーツは茎葉と根量が豊富、アレロパシーによる雑草抑制やキタネグサレセンチュウの抑制効果、土壌病害抑制、制効果も明らかになり、注目を集めています。播種量が多いため播きやすく、雑草競合にも強くて管理が楽、初めての人でも扱いやすい緑肥です。そのため、気軽な土づくりと根菜類の線虫対策や北海道でのマメ類、ジャガイモのネグサレセンチュウによる減収対策に最適です。

種子が一般のエンバクより小粒ですが、播種量は10～15kg/10a、とくに線虫対策は15kgとしています。播種は散播、面積が狭い場合には散粒機で縦・横2回に播種し、軽く表層をロータリで覆土・鎮圧すれば、きれいなスタンドが確保できます。播種期は関東平坦地で3月上～5月下旬、8月下～9月中旬（年内すき込み）と10月下～11月上旬（越冬利用）です。施肥はチッソで5kg程度ですが、園芸畑では残肥で十分です。すき込みは2カ月を目安に行ない（越冬利用は出穂期5月、積雪地帯を除く）、腐熟期間を設定して、後作を播きます。

北海道では緑肥用エンバク「スワン」が短期多収で価格が安いために、かなり栽培されていますが、この品種はキタネグサレセンチュウを増やし、ジャガイモやマメ類にも線虫が多いと被害が生じるので、緑肥ヘイオーツへの切り替えを勧めています。府県では6月になると生育が悪くなるのでスーダングラス「ねまへらそう」やギニアグラス「ソイルクリーン」とし、長野県のアブラナ科野菜地帯ではライムギ「R-007」を最適としています。

●積雪地帯では使いやすいライムギR-007

ライムギは積雪地帯でも越冬できる唯一のムギ類で、R-007がキタネグサレセンチュウを減らすことがわかり、積雪地帯での線虫対策

● 要点BOX ●
後作、短期休閑緑肥でお勧めはエンバク野生種の緑肥ヘイオーツ、越冬緑肥のライムギR-007、水田裏作ではイタリアンライグラスのハナミワセ（表44-1、表44-2）。

や北見・網走管内のタマネギ後作緑肥として適しています。

播種期は関東平坦地で3月上～4月中旬、9月下～12月上旬（越冬利用）となり、秋播きはエンバクより遅くても問題がありません。施肥とすき込みは緑肥ヘイオーツと同じ要領です。R-007は5月に播種すると、ほとんど出穂しないため、草生栽培としても好評で、すき込みが容易になります。

●不耕起播種が可能な
イタリアンライグラスも魅力

イタリアンライグラスは秋播き牧草の主流で、エンバクに比べ、茎葉豊富、分げつが多く、再生利用ができ、耐寒性に優れる点が異なります。多くの品種があり、緑肥としてはエンバクより根量が多いこと、不耕起播種が可能な点が魅力です。

表44-1　ムギ類とイタリアンライグラスの使い分け

作物	品種名	特性				線虫対策		対象作物				
		病害抑制	耐倒伏性	越冬性	再生力	キタネグサレ	サツマイモネコブ	畑作	水稲	根もの野菜	ウリ科、サツマイモ	ドリフト・防風
エンバク野生種	緑肥ヘイオーツ	◎				◎	◎	◎		◎		
エンバク	とちゆたか		◎									◎
エンバク	スナイパー		◎				◎			◎		
ライムギ	R-007			◎	◎			◎		◎		
イタリアンライグラス	ハナミワセ			◎	◎			◎				

表44-2　ムギ類とイタリアンライグラスの播種期

作物	品種名	播種量(kg/10a)	播種期			
			北海道	北・高冷地	関東平坦地	西南暖地
エンバク野生種	緑肥ヘイオーツ	10～15	4下～6中	4上～6上	3上～5下	2下～5上
			7～8月	8中～9上	8下～9中	8下～9中
			8下～9上	－	10中～11上	10下～11月
エンバク	とちゆたか	8～10、5～8（間作）	4下～6中	4上～6上	3上～5下	2下～5上
			7～8月	8中～9上	8下～9中	8下～9中
			－	－	10中～11上	10下～11下
エンバク	スナイパー	8～10	－	－	8下～9中	9下～9中
ライムギ	R-007	10～15	8下～9上	3下～5上	3上～4中	1下～4中
			草生栽培	5中～6下	5上～6上	3下～5中
			9中～下	9上～10中	9下～12上	10下～12下
イタリアンライグラス	ハナミワセ	4～5	－	9中～10中	9下～10下	10上～11中 2下～3中

注）スナイパーの種子島等の離島での播種期：9月下～10月上旬

Q45 マメ科緑肥の役割と利点は何ですか？

寒地型のマメ科緑肥作物

●後作減肥や雑草抑制、果樹園の草生栽培に

ヘアリーベッチは明治の頃、飼料用として導入された一年生のマメ科牧草で、道端のカラスノエンドウの仲間です。その後、府県では裏作の飼料作物として検討されましたが、種子供給の問題でレンゲに変わっています。北海道ではイネ科緑肥の導入が主体でしたが、約20年前に暖地タイプのヘアリーベッチが根強く、北見・網走管内で暖地タイプの「まめ助」を開発したところ、一挙に普及していきました。アズキ粒大の根粒で、生収量で3～4t/10a確保できるのが魅力で、後作はチッソで3～5kgの減肥が可能です（写真45）。

府県ではヘアリーベッチは、アレロパシーによる雑草抑制効果を利用し、レンゲに代わる水田裏作緑肥としてイネの低コスト栽培技術の確立と、果樹園の草生栽培として普及が図られました。

しかし、寒冷地ではまめ助の越冬性が悪く、新たに寒地タイプで早生の「藤えもん」と晩生の「寒太郎」が開発され、普及に拍車がかかっています。

播種量は3～5kg、播種期（関東平坦地、まめ助）で3月上～4月上旬と9月中～11月上旬です（表45）。施肥量は、府県は無施肥で十分です。ただし水田裏作では湿潤地に弱いので、必ず排水対策を行ないます。溝切りで明渠を圃場の周りと内部にも5～10m程度ごとに1本掘り、排水をよくします。

府県では開花すると4t前後で、チッソが16kg入る計算になり、これではイネには多すぎるので2～3t（チッソで10kgまで）とし、イネの品種や圃場によって決めていきます。北海道では秋口まで置くと、まめ助で4t確保できます。

●クリムソンクローバ「くれない」も注目

「くれない」は一年生の暖地のクローバで、深紅の花がとてもきれいなダイズシストセンチュウの対抗作物です。播種量は2～3kg、

要点 BOX

マメ科緑肥はヘアリーベッチ（まめ助、寒太郎、藤えもん）、クリムソンクローバ（くれない）、アカクローバ（はるかぜ）など、根粒菌のチッソ固定によるチッソ減肥や菌根菌の増殖でリン酸で有効利用が期待できる。

播種期は関東平坦地で3月上～4月上旬と9月中旬～10月中旬ですが、早播きほどきれいな大きな花を咲かせます。

アカクローバは地力対策として古くから北海道で使われ、私たちのところで開発した「はるかぜ」は北海道のコムギ間作緑肥として普及しましたが、コムギの畝幅が狭い近年はあまり行なわれません。

レンゲはきれいな桃色の花で有名で、れんげ米も流通しています。一度播くと種子が自然落下し、翌年に発芽し、湿潤地にも強い利点があります。しかし、すき込みチッソが多すぎる難点があります。播種量は3～4kgです。

写真45 ヘアリーベッチ（まめ助）と大きな根粒（円内）

表45 ヘアリーベッチとクローバ類の播種期

作物	品種名 （雪印）	播種量 （kg/10a）	播種期			
			北海道	東北・高冷地	関東平坦地	西南暖地
ヘアリーベッチ	まめ助	3～5	5上～6中	4上～5上	3上～4上	2中～3下
			7下～8中	9上～10中	9中～11上	9下～11上
	寒太郎、藤えもん	3～5	試験中	4上～5上	3上～4上	2中～3下
				9上～10中	9中～11上	9下～11上
クリムソンクローバ	くれない	2～3	4下～6中	4上～5上	3上～4上	2下～3下
			7下～8上	9上～10上	9中～10中	9下～10下
アカクローバ	はるかぜ	2～3	5～6（休閑）	－	－	－
			3下～4上（間作）			
レンゲ	普通種	3～4	不適	8中～9上	9上～10上	9中～10下

注）北海道のヘアリーベッチの販売はまめ助のみ、東北は寒太郎が適する。

Q46 暖地型のマメ科緑肥、クロタラリアが線虫を抑えると聞いたのですが?

●ネマコロリ、ネマキング、ネマックス

クロタラリアには生育が早く、サツマイモネコブセンチュウのみを減らすクロタラリア・ジュンシア (*C. juncea*) と、多種類の線虫を減らし、晩生ですき込みやすいクロタラリア・スペクタビリス (*C. spectabilis*) があります。

「ネマコロリ」はクロタラリア・ジュンシアで、沖縄のサトウキビの土づくりとネコブセンチュウ対策で実績がありますが、生育が旺盛なため茎の硬化が早く、ロータリ耕ではすき込みにくい難点もあります。播種量は6～8kg、播種期は関東平坦地で5月中旬～8月中旬です(表46)。すき込みは早めに50日前後で、草丈が1.5m程度、開花が目安です。ネグサレセンチュウを増やすので注意してください。

一方、「ネマキング」はクロタラリア・スペクタビリスに属し、「ネマコロリ」より晩生で、草丈も小ぶり、生育も遅く、70～80日で開花します。きれいな景観緑肥にも使え、多種類の線虫に効果があります(37ページ表13)。分解が早く、茎は空洞、後作は減肥も期待できます。播種量は6～9kg、播種期は関東平坦地で5月下～7月中旬で、すき込みは開花期が目安です。ネマコロリより高温を要求するので、寒冷地ではハウスが主体になります。同じクロタラリア・スペクタビリスの「ネマックス」はネマキングより極晩生の新品種で、線虫抑制効果は現在(2014年1月)実証試験中です。

表46 暖地型マメ科緑肥の播種期

作物	品種名	播種量 (kg/10a)	播種期(月・旬)			
			東北・高冷地	関東平坦地	西南暖地	沖縄諸島
クロタラリア	ネマコロリ	6～8	7	5中～8中	5上～8上	2下～9下
	ネマキング	6～9	7	5下～7中	5中～7下	―
	ネマックス	6～9	7	5下～7中	5中～7下	―
セスバニア	田助	条播4 散播5	6中～7中	5下～7下	5上～8上	

注)東北のネマキング、ネマックスはハウスの播種期、露地は不適。

●要点BOX●
クロタラリアには、サツマイモネコブセンチュウのみ減らす「ネマコロリ」と、多種類の線虫を減らし、晩生で、すき込みやすい「ネマキング」「ネマックス」の2種類がある。

暖地型のマメ科緑肥作物

コラム 2
透水性改善・耕盤破砕にセスバニアかトウモロコシ

●排水不良地で育つ田助

　セスバニア「田助」は排水が不良の転換畑でも唯一生育が良好な暖地型のマメ科緑肥。草丈は人の背丈以上、根の深さも1mになります。根粒菌が着生し、空中チッソを固定、すき込み後の分解も意外と早く、チッソ減肥とＶＡ菌根菌によるリン酸の有効利用も期待できます。後作にはコムギかダイズが最適です。

　埼玉県の転換畑に導入した成績を下の表に示しました。前年に休閑して田助を播種、乾物収量で742kg/10aをすき込み、後作は秋口にコムギを播種しました。施肥は、田助区がチッソ、リン酸、カリを4kg、6kg、5kgと、慣行区の12kg、16kg、14kgの半分以下に減らしています。

　その結果、コムギの生育は田助区が旺盛で、草丈で13cm高く、田助の肥効と排水性の改善が示唆されました。収量も398kgと、慣行区対比で159％と極多収になりました。品質も改善され、百粒重が重たく、光沢があるコムギを収穫しています。

　田助の播種量は散播で5kg/10a、条播で4kgです。関東では5月下旬～7月下旬が播種適期です。施肥はチッソ、リン酸、カリで3-5-5kgを目安に行ない、すき込みは2カ月後になります。炭素率が低いためチッソの減肥は5kg前後と推定しています。

●水はけがよければ迷うことなくトウモロコシを

　水はけがよい園芸畑の硬盤対策にはトウモロコシが最適です。畝間と株間をとった条播で栽培するので根張りがよく発達し、深さ1m以上まで細根が伸び、すき込み後分解されて、水路になります（図3-2参照）。トウモロコシは団粒構造、保肥力や排水性の改善に優れ、土づくりではエースです。ただし、水はけの悪い圃場では生育が悪いのでソルゴーに切り替えます。

表　転換畑に導入した田助後のコムギの増収効果（雪印種苗、1968）

試験区	コムギの生育		コムギの収量		コムギの品質			
	草丈(cm)	穂長(cm)	収量(kg/10a)	比(％)	千粒重(g)	揃	光沢	品質
田助後	106	8.1	398	159	34.4	中	中	中中
慣行区	93	7.2	251	100	29.0	ヤ不良	ヤ不良	下中

注1）前年、田助：742kg/10aをすき込み、コムギを栽培、6/14に収量調査を行なった。
注2）施肥量　慣行区：12-16-14、田助区：4-6-5kg/10a

Q47 チャガラシの栽培方法とすき込み方法を教えてください

薫蒸作物の栽培方法

辛味成分含量が多くなるよう適期播種すると、薫蒸効果が大きく期待できます。私たちの千葉研究農場で行なった播種期試験の成績を紹介しましょう。

● 府県では10月下旬播種で生収量10 t 強

チャガラシ（辛神ほか2試験系統）、キカラシ、緑肥ヘイオーツ（エンバク野生種）を2008年の10月24日から翌年の4月19日まで6回播種しました（図47）。さてその結果ですが、キカラシは10月24日播種で極低収になっています、これは冬の間、20cm程度生長し、被霜したためです。

一方、チャガラシは生育が遅く、5〜10cm程度で越冬し、被害も軽微でした。チャガラシはこの時期が最多収で、乾物では1.1 t、生収量で10 t 強を収穫しています。これだけ極多収な理由はチャガラシが抽苔するからです。この10 t の薫蒸作物のパワーは、相当なものです。

その後、辛神は播種期が遅れるほど低収になっています。11月25日播種は発芽に寒すぎてごく低収に

なっており、この時期はライムギしか播けません。チャガラシは5月になると、虫に葉が食害され、露地の播種は難しくなってきます。ハウスでは入り口にネットをかければ問題ありません。

● 乾物収量×含量＝総グルコシノレート量

辛味の成分であるグルコシノレート含量は他の2試験系統も含め、辛神がもっとも高い結果でした。播種期では11月5日播種で辛神がもっとも高く、次いで11月25日播種になっていました。収量×含量がすき込まれる総グルコシノレート量ですから、この成績から辛神の関東地方での最適播種期は10月下旬から11月上旬ということになります。北海道では7月下〜8月上旬が高含量の時期です。

● 播種量、播種適期、すき込み時期

種子が小さいため、コーティング種子も用意されていますが、播種量は生種子が1kg/

● 要点BOX ●
❶乾物収量×グルコシノレート含量が薫蒸作物のパワー。❷その播種適期は、府県では10月下旬〜11月上旬の越冬利用か2〜3月、9月播種の年内利用、北海道では露地で5月と7月上〜8月中旬（ハウスは2〜4月、8月）。

10a、コーティング種子が1.5kgです。種子を熔リンや砂のような資材20kgと混合、ブロードキャスタや散粒機で畑を縦・横2回播種し、ロータリやディスク耕で軽く覆土、その後鎮圧します。

播種適期は、府県では、先ほど述べた生収量が極多の10月中旬から11月上旬の越冬利用か、高冷地を除いて2～4月か9月播種の年内利用、北海道では露地で5月と7月上～8月中旬（ハウスは2～4月、8月）となります。

すき込み期は播種2カ月後か越冬・抽苔後（開花始期）です。施肥は必ずチッソで5～10kg（露地）、肥料を好む作物ですが、残肥が多いハウスでは無施肥とします。また、チッソ施用と硫黄が含有されている肥料（硫加や成分表示の頭にSが付いている銘柄）を使うと、グルコシノレートの含量が高くなることが知られています。

薫蒸作物は根こぶ病の発生する圃場やアブラナ科の近く、水はけが悪い場所では不適です。また、薫蒸作物を別な場所で栽培し、それを持ち込んですき込めば、ハウスなどを空けておく期間が薫蒸（腐熟）期間のみの1カ月でよく、緑肥作物を作付けるより便利です（Q34も参照のこと）。

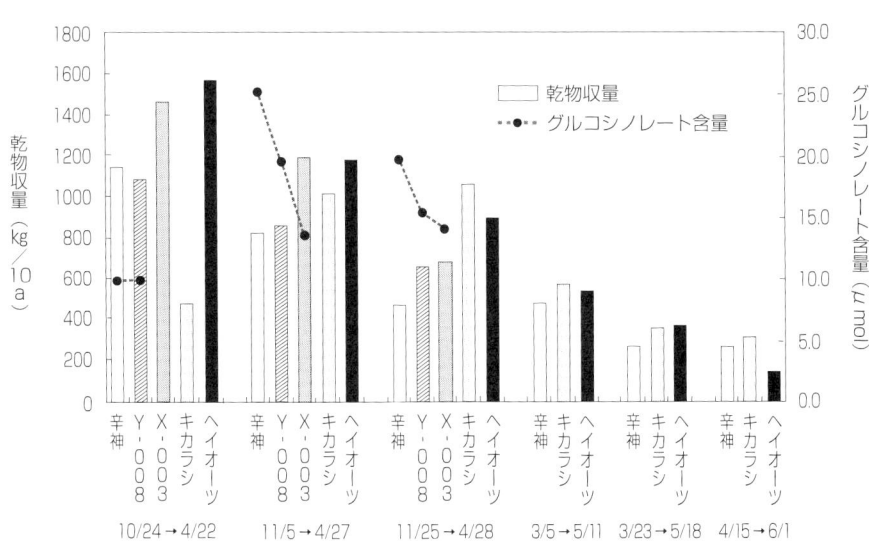

図47 チャガラシの播種期別乾物収量とグルコシノレート含量の推移（雪印種苗、千葉市、2008秋播種）

府県での辛神の播種適期は、多収な10月中旬から、グルコシノレート含量が多い11月上旬まで

Q48 景観緑肥のそれぞれの使い勝手と、その栽培ポイントを教えてください

●キカラシ――肥料を好み、排水に気を付ける

「キカラシ」（シロガラシ）は、北海道ではエンバクよりも播種が遅れた8月下旬でもとくに多収な作物で、50日過ぎで開花、すき込みます。開花期間は約1週間、11月になると被霜するので、その前にすき込みます。キタネグサレセンチュウを増やしますが、分解が早く、肥効が期待できることから後作にはテンサイが適しています。生育はエンバクやチャガラシより早く、府県では越冬中の霜害に弱いので注意します。

播種量は2kg/10a、播種期は関東の平坦地で3～4月か11月、北海道は5月か8月です（表48）。チャガラシと同様に、排水不良地やアブラナ科根こぶ病の発生地は避け、このような場所ではエンバク野生種の「緑肥ヘイオーツ」で対応します。

●アンジェリア――種子が小さく覆土は浅めに

「アンジェリア」（ハゼリソウ）は春播きの一年生作物で、開花期間が長いため、蜂花作物としても栽培されています。生収量で、5～6tをすき込め、炭素率が低い有機物を確保できます。播種量は2～3kg、播種期は関東の平坦地で3～4月と11月中で開花、景観美化の緑肥としても使えます。雑草抑制効果も大きく、きれいな花が咲くことから、遊休地の雑草対策やカバークロップとしても使われます。種子がとくに細かいので播種時の覆土を浅くすることがポイントです。

●ヒマワリ――後作はジャガイモ、マメ類など

ヒマワリの「夏りん蔵」は北海道で唯一、夏播きで開花、景観美化の緑肥として使えます。極早生で小ぶり、菌根菌の増殖が期待できるので、後作にはジャガイモやマメ類、スイートコーンが適しています。

播種量は1.5kg、チッソ4～6kg、リン酸8～10kg、カリ0～10kgを施用します（北海道）。後作がジャガイモの場合、ヒマワリにはバーティシリウム病に弱い品種がありますので、注意してください。

景観緑肥の栽培方法

●要点BOX●
景観美化は地域の活性化につながる。線虫抑制、粗大有機物、チッソ減肥などのパワーを考え、選定する。

● マリーゴールド—線虫抑制は大、雑草対策が課題

マリーゴールドにはフレンチタイプの小型種からアフリカンタイプの大型種まで、多くの種類があります。

アフリカントールは神奈川県でダイコンのキタネグサレセンチュウを抑制することから着目されました。北海道の七飯町では景観美化と線虫対策で栽培しています。その抑制力は緑肥ヘイオーツを上回りますが、雑草対策が問題で、このことを考えると緑肥ヘイオーツに軍配が上がります。

播種量は3〜4ℓ（条播）か1ℓ（移植）で、育苗・移植栽培が基本で、除草が必要です。北海道では4月下〜5月上旬に移植します。栽培期間は3カ月、チッソ、リン酸、カリで8、8〜12、0〜6kg施用します（北海道）。ペーパーポットを使った育苗が普及してきており、楽になりました。

最近、花の咲かないカバークロップタイプの「エバーグリーン」（タキイ種苗）が販売されました。播種量は条播で0.5kg/10a、チッソ、リン酸、カリで5〜10、4〜5、4〜5kg施用します。被覆が早く、雑草が少なく、ネグサレ、ネコブセンチュウを減らします（カタログ参照）。

表48　景観緑肥と草生栽培品種の播種期

作物	品種名	播種量(kg/10a)	播種期（月・旬）			
			北海道	東北・高冷地	関東平坦地	西南暖地
チャガラシ	辛神	1〜1.5	5	5〜6	3〜4	2〜3
			8	8下〜9上	10中〜11上	10下〜11中
シロガラシ	キカラシ	2〜3	4下〜6中	4上〜5中	3上〜4下	2下〜3中
			7下〜8下		11上〜下	11中〜12上
ハゼリソウ	アンジェリア	2〜3	5〜6	4上〜5中	3上〜4下	2下〜3中
					10下〜11中	11中〜12上
ヒマワリ	夏りん蔵、春りん蔵、サンマリノ	1〜1.5品種による	8上〜中	5下〜6中	5中〜7上	4中〜8上
			5上〜下			
マリーゴールド	エバーグリーン	0.5	5	4〜7上	4〜7	4〜7
ナギナタガヤ	雪印系ナギナタガヤ	1.5	不適	9上〜下	9中〜10中	9下〜11上
リビングマルチ（他社）	てまいらず、マルチムギ、百万石	3〜10	不適	5〜7	4〜6	4〜6

注1）ヒマワリは北海道はホクレン、府県は雪印種苗を参考にした。
注2）マリーゴールドはタキイ種苗、リビングマルチはカネコ種苗を参考にした。

コラム 3
同じ草種なら緑肥の効果も同じ？

●種子生産はほとんど外国

日本では国内での種子生産は不可能で、ほとんどすべての緑肥種子は海外で生産され、植物検疫を経て国内に輸入されます。植物検疫では、輸入禁止雑草の種子や黒穂病菌、土砂の混入などをチェックします。

昔、「豪麦」が緑肥として流通したことがありますが、これはエサ用エンバクの転用で、殺菌剤も塗布されていないので、発芽不良や病原菌のばらまきにつながりました。海外の雑草や病害を自分の畑にもち込む危険性があります。

まずは植物検疫制度に合格した種子を使うことですが、種苗会社から購入し、種子袋の裏の保証タッグを確認してください。

●開発品種か一般品種か

次いで、開発品種と一般種との差があります。代表的なものは緑肥用エンバクとエンバク野生種との違いです。前者は一般種で、海外の市場で安い価格のものを流通させています。早生で乾物多収ですが、キタネグサレセンチュウを増殖させる悪さをし、出穂するのですき込んだ場合、分解が遅くなります。放置しておくと、マメ類→ジャガイモの栽培体系ではキタネグサレセンチュウが100頭/土25g以上に増え、作物の減収につながります。

畑作で5万円稼ぐとすれば、1割で5000円の減収、緑肥用エンバクとエンバク野生種との種子代の差はおそらく2000〜3000円ではないでしょうか？ 気づかない損失につながります。

種苗会社はそれぞれ研究開発を行ない、開発品種として流通します。ここに種苗会社間の開発力の差が生じ、同一草種でも品種間に差別化が生じます。現実に販売されているエンバク野生種の線虫抑制効果と後作ダイコンの商品化率は、各社の品種や生産地によって大きく異なります。ポイントは卵率が低い系統を選抜しているかどうかです。

同じ草種でもその効果に大きな違いがあります。よく見極めて使用することが大事です。

Part 3 使いこなし編
対象作物別 緑肥の選び方と活用のポイント

Q49 北海道のジャガイモ、マメ類、根もの野菜の線虫害を何とかしたいのですが……

●テンサイ以外はエンバク野生種が線虫対抗作物

北海道のテンサイを除く畑作4品目にはキタネグサレセンチュウが寄生・増殖します。抑制する作物はテンサイのみでした。しかし、エンバク野生種がこれを減らすことがわかり、コムギ後作に導入、積極的な対策が取られています。

十勝農試の現地調査によると、畑作物の中でマメ類→ジャガイモと栽培すると線虫頭数が100頭/土25g以上にもなり、後作ジャガイモが1割も減収することがわかってきました。図49が実際の調査結果ですが、前作がインゲンマメだと当初200頭だった線虫が、栽培後には300頭以上も増えています。スイートコーンでは10頭程度が100頭以上と10倍にも増殖、アズキも同様でしたが、アズキの場合、さらに線虫が多いと落葉病の発生を助長します。この中で、エンバク野生種のみがキタネグサレセンチュウを減少させており、この結果を踏まえ、新しい輪作体系が提案されました（Q55参照）。

この野生種には緑肥（写真50-3）をはじめ、サイアー、プラテックス（ホクレン）、ニューオーツ、ソイルセーバー（カネコ種苗）、ネグサレタイジ（タキイ種苗）と多くの品種が販売されていますが、寒冷地での適応性、線虫抑制効果が異なってきますので、よく確認のうえ選定します。

●イネ科緑肥をキタネコブセンチュウ対抗作物に

一方、キタネコブセンチュウはクローバやトマト、ナスにも被害を与えますが、露地のニンジン、ゴボウでとくに被害が多く発生します。キタネコブセンチュウの2期幼虫が根に入ると、寄主先の養分で発育して成虫になり、雌成虫が卵のうを形成し、一生を終わります。根もの野菜の細根に2期幼虫が侵入すると、コブが生じ、ヒゲ根状となり、商品としては難しくなります。

キタネグサレ・キタネコブセンチュウ対策

● 要点BOX ●
❶キタネグサレやキタネコブセンチュウ対策にはエンバク野生種を組み入れた輪作体系の確立がポイント。❷キタネコブセンチュウのみには寄主作物でないイネ科緑肥が有効。イネ科作物を組み入れた輪作体系で改善。

対抗作物はこの線虫が寄主できないイネ科緑肥で十分です。キタネコブセンチュウはイネ科作物を栽培すると、エサがない状況になり死滅します。

表49に示すようにキタネグサレセンチュウを増やす緑肥用エンバクや普通種のソルゴーでもキタネコブセンチュウの対抗作物となります。

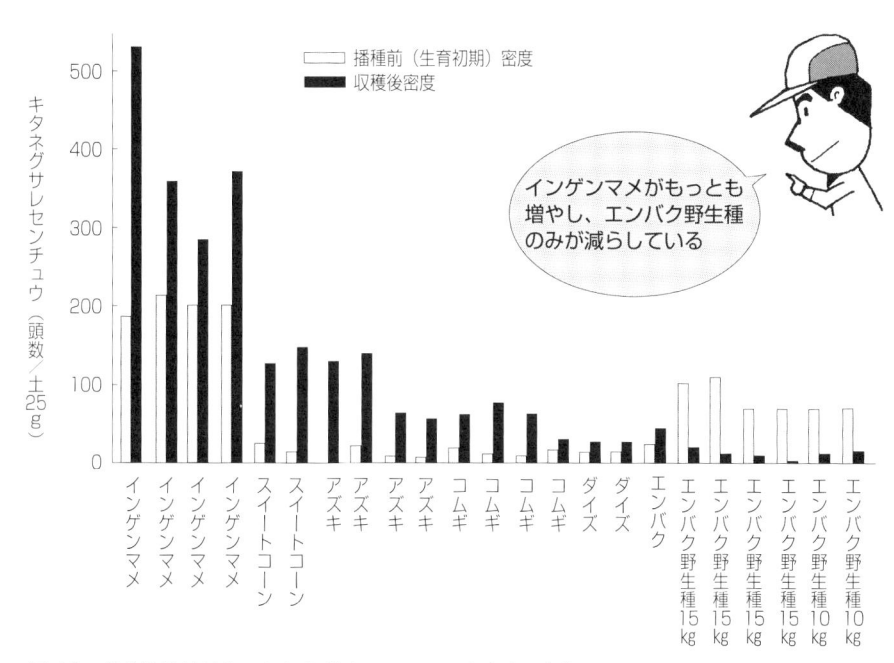

根もの野菜はマメ科作物の後の作付けや連作を避け、コムギやスイートコーン、イネ科緑肥の後に栽培すると被害が少なくなります。

インゲンマメがもっとも増やし、エンバク野生種のみが減らしている

図49 畑作物栽培前後のキタネグサレセンチュウ密度の変化 (十勝農試、2002)

表49 キタネコブ、キタネグサレセンチュウの寄生数と線虫密度 (中央農試、1988)

作物名	キタネコブセンチュウ			キタネグサレセンチュウ		
	寄生数(頭/根1g)	雌成虫率(%)	土中密度(%)	寄生数(頭/根1g)	雌成虫率(%)	土中密度(%)
緑肥ヘイオーツ	0	0	1.3	33	4	1.4
緑肥用エンバク	0	0	0.3	581	27	25.3
マリーゴールド	1	0	0.0	22	0	0.2
ナツカゼ	0	0	0.3	263	16	7.6
ソルゴー	0	0	0.2	268	14	11.1
トウモロコシ	0	0	0.3	236	21	12.7
ゴボウ	56	48	28.0	1180	39	20.2
ニンジン	60	48	0.3	1645	36	24.0

1 畑作物

Q50 緑肥用エンバクを使っていますが、効果が今一つです。なぜなのでしょう？

● 500〜600kgの乾物収量は魅力

緑肥用エンバクは価格を重視した商品で、多収な海外での流通品種が販売されています。北海道の土づくりに貢献したことは間違いなく、出穂が早いので夏播きでは播き遅れても多収で、しかもキタネコブセンチュウを減らし、価格が安い利点があります。コムギの後に確保できる500〜600kg/10aの乾物収量は大きな魅力です。

● ただしキタネグサレセンチュウが増殖、テンサイ以外に後作がない

しかし私たちの試験では、後作の収量を比較しても、線虫や病害の被害も加わり、十分な結果が得られていません。さらにキタネグサレセンチュウが増殖することがわかり、後作には線虫に強いテンサイくらいしか選べません。キタネグサレセンチュウは緑肥用エンバクに侵入し、卵を産んで一生を終えます（116ページ図A）。卵をもったエンバクの枯死した根がすき込まれると、翌春に線虫がふ化し、後作に被害が生じます。

緑肥用エンバクは根量もエンバク野生種の「緑肥ヘイオーツ」に比べて少なく、スタンド不足です（写真50-1）。さらに乾物収量では多収ですが、生収量では緑肥ヘイオーツが上回り、炭素率の低い有機物です。さらに緑肥用エンバクは出穂するため、分解が遅い難点があります。

写真50-1
緑肥ヘイオーツ（左）と緑肥用エンバク（右）との根張りの違い

緑肥用エンバクの効果は？

● 要点BOX ●
すべてのエンバク（一般種）は、キタネコブセンチュウを減らすが、キタネグサレセンチュウを増やすので、後作ジャガイモやマメ類が低収になる可能性をもっている。要注意。

● 線虫対策なら緑肥ヘイオーツ、肥効ではキカラシに軍配

以上のようなことから、私としては、効果が今一つと感じられたのではと思います。私としては、緑肥用エンバクより付加価値が高い緑肥ヘイオーツ（写真50-3）、キカラシやまめ助、チャガラシ「辛神（からじん）」をお勧めします。

ではどのような場合に緑肥用エンバクが適しているでしょうか？

北海道ではお盆を過ぎた場合、さらに後作がキタネグサレセンチュウの被害が少ないテンサイなら問題は少ないと思われます。ただし、この場合の最適品種はキカラシだと思われます。根もの野菜ではキタネグサレセンチュウの発生がなく、キタネコブセンチュウの被害が多く、とくに栽培期間が短い場合に適しています。

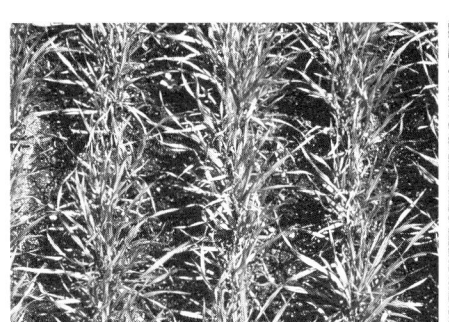

写真50-2 緑肥ヘイオーツ（左）と緑肥用エンバク（右）のスタンドの違い

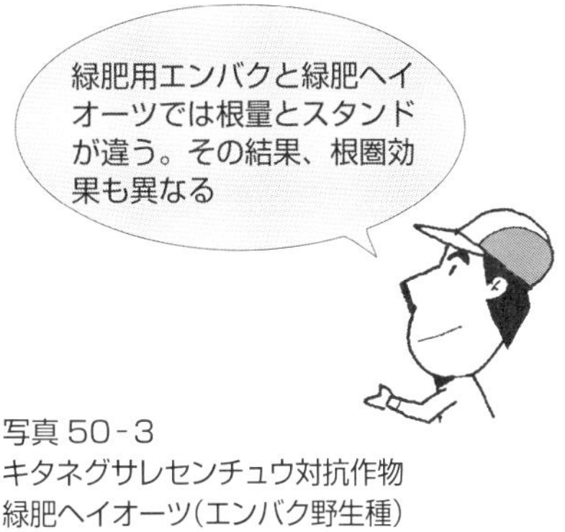

緑肥用エンバクと緑肥ヘイオーツでは根量とスタンドが違う。その結果、根圏効果も異なる

写真50-3
キタネグサレセンチュウ対抗作物
緑肥ヘイオーツ（エンバク野生種）

コラム●4

緑肥ヘイオーツが線虫を減らすわけ

● **根に侵入しても生育できず、卵が少なくなって減少**

緑肥ヘイオーツの根に線虫が侵入すると、線虫の発育が抑制され、明らかに雌成虫が減って、卵が少なくなることがわかりました（図A）。一方、緑肥用エンバクでは線虫が増殖し、根に多くの卵が残り、すき込まれて枯れた根からこの卵がふ化し、後作に被害をおよぼすこともわかりました。

私たちの研究農場では世界各地から100種以上のエンバク野生種を集め、キタネグサレセンチュウの汚染土壌で栽培して、卵率を比較しましたが、緑肥ヘイオーツは5％前後ともっとも低く、その他のものでは線虫をむしろ増やす危険性がありました（図B）。つまり、本当の対抗作物は土壌中の線虫のチェックも大切ですが、根の中で線虫の生育が抑制されるかがポイントになります。

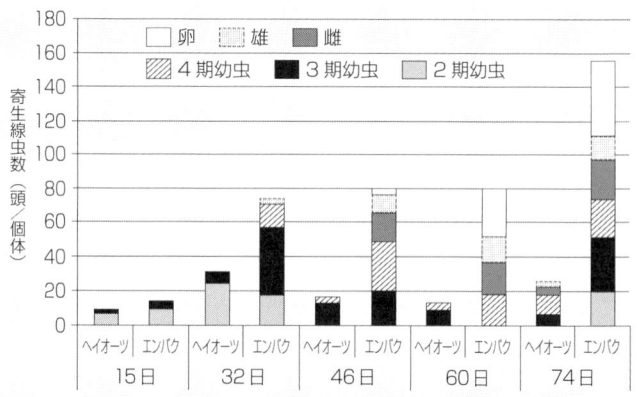

図A　キタネグサレセンチュウ2期幼虫の接種による緑肥ヘイオーツおよび緑肥用エンバクにおける発育比較（山田、2006）

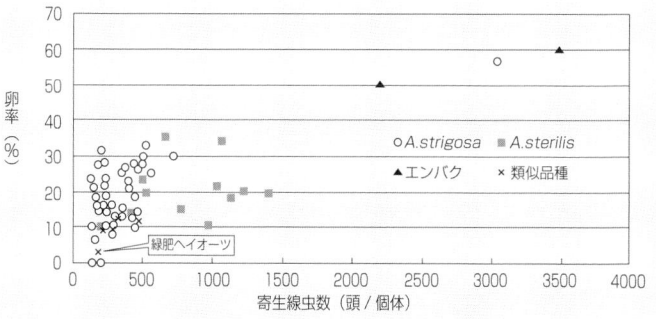

図B　各種エンバク野生種の根におけるキタネグサレセンチュウの寄生反応（雪印種苗、1996）

1 畑作物

Q51 テンサイに最適な緑肥作物は何ですか？

●お勧めは辛神、次いでキカラシ

テンサイは北海道の畑作農家には収益がもっとも確保できる作物の一つで、コムギ後緑肥の後に栽培されています。キタネグサレセンチュウの対抗作物ですが、緑肥によるチッソの減肥を適正に行なわないと糖度が下がる危険があります。

第一のお勧めはテンサイ根腐病を減らす薫蒸作物のチャガラシ「辛神」です。この品種は晩生のため、地力が肥えた圃場や肥料を十分に施用、お盆までに播種し、四t以上の生収量を確保することがポイントになります。次いで、肥効が期待できるキキラシです。士幌町で行なった5種類の緑肥作物を比較した試験の結果では、キカラシが修正糖収量で107%と、無栽培区および緑肥用エンバク「スワン」に対し有意差が出ました（図51）。ヒマワリ、「緑肥ヘイオーツ」、「まめ助」がこれに続き、緑肥用エンバクは出穂し、肥効が少ないのが原因と思われる低収でした。修正糖分含量ではヒマワリと緑肥用エンバクがとくに高くなっています。

●後作テンサイは減肥して糖含量をアップ

テンサイの茎葉収量は炭素率が低い緑肥ほど多収の傾向があり、まめ助（炭素率13）が無栽培区に比べ114%と極多収、キカラシ（同22）が111%となっており、減肥の必要性を示しています。まめ助で3～5kg、キカラシで4～6kg前後の減肥可能で、これにより糖分含量の向上と肥料代の節約が可能になります（北海道）。

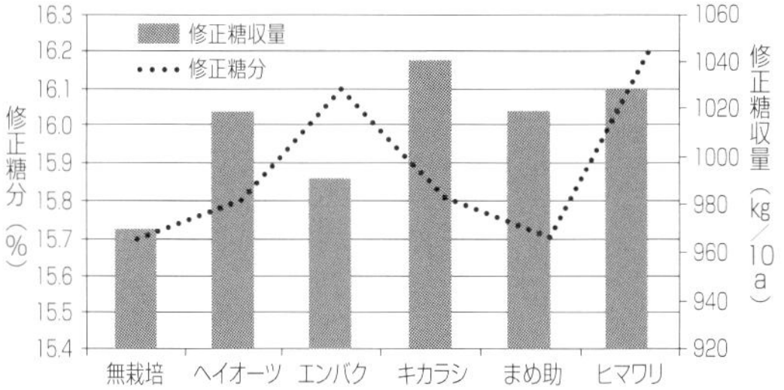

> **テンサイに最適なコムギ後作緑肥（北海道）**

> 最多収になったのはキカラシ後で、無栽培対比で107%に。ただ茎葉が多く、チッソで4kg程度の減肥が必要。ただし、テンサイには根腐病対策ができるチャガラシの辛神が最適で、その次がキカラシです

図51 各種緑肥作物栽培後のテンサイの修正収量と糖分
（雪印種苗、士幌町、2001）

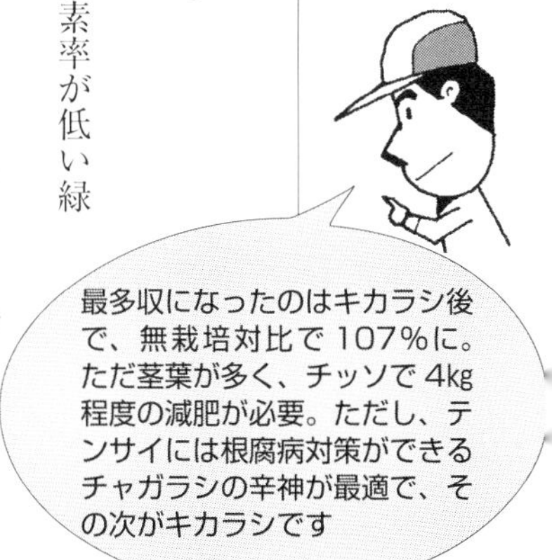

● **要点BOX** ●
テンサイには根腐病防除で辛神、肥効が期待できるキカラシ、まめ助、有機物の補給で緑肥ヘイオーツ、ヒマワリが適している。

Q52 ジャガイモに最適な緑肥作物は何ですか？

●五つの条件

ジャガイモに最適な緑肥を選ぶには、①キタネグサレセンチュウの対抗作物、②菌根菌を増殖する、③ジャガイモそうか病か、④ジャガイモ黒あざ病を軽減してくれる、などがポイントになり、主として土壌病害や線虫を減らしてくれる緑肥が最適です。

●エンバク野生種かチャガラシがお勧め

①に該当する前作は「緑肥ヘイオーツ」かテンサイですが、テンサイはそうか病を間接的に増やし、菌根菌も期待できません。一方、「緑肥ヘイオーツ」はキタネグサレセンチュウ、ジャガイモそうか病に対抗し、菌根菌も増やすため、まずはこれが最適です。次いでチャガラシ「辛神」が考えられます。辛神の薫蒸効果ではそうか病は無理ですが、黒あざ病をポット試験で減らしており、キタネグサレセンチュウも減らし、肥効を狙えます。シロガラシよりはお勧めです。

「まめ助」やヒマワリは菌根菌増殖にはプラスですが、病害や線虫にはマイナスです。

●キタネグサレセンチュウは定植時20頭以下でないと減収

ジャガイモ「男爵」は、収穫時の線虫密度が100頭（土25g当たり、以下同）だと50頭以下に比べて14％減収します。また植付け時の線虫密度が20頭のとき、収穫時に100頭になります（十勝農試）。つまり植付け時の線虫密度が20頭以下でないとジャガイモは減収するということです。とくに前作がマメ類の場合、十勝管内では500頭以上の圃場が見つかっており、要注意です。

●緑肥ヘイオーツで線虫減→ジャガイモ増収へ

私たちはキタネグサレセンチュウが100頭／土25g以上いる圃場を探し、緑肥ヘイオーツにより線虫を減らし、ジャガイモの増収が期待できないか、年2作の休閑緑肥の効果を試験してみました。

要点BOX
ジャガイモには、キタネグサレセンチュウやそうか病を減らす緑肥ヘイオーツ、次いで黒あざ病防除でチャガラシ（辛神）、ネグサレセンチュウが少ない圃場では肥効と菌根菌を増やす点でヘアリーベッチとヒマワリがお勧め。

ジャガイモに最適な緑肥作物（北海道）

緑肥ヘイオーツのほか、ダイズ（標準）、まめゆたか（まめ助5＋とちゆたか3kgの混播セット）、ヒマワリ、キカラシを導入しました。緑肥の乾物収量で最多収は緑肥ヘイオーツ、まめゆたか、キカラシが1tを確保し、夏播き緑肥の炭素率はまめゆたかとヒマワリが12前後と低くなりました（図52-1）。

後作のジャガイモ収量はキタネグサレセンチュウが多いほど低収になっています。とくにダイズ後では線虫密度が167頭にも増え、もっとも低収になっています。ジャガイモの規格内収量は線虫密度が3頭と、もっとも少なかった緑肥ヘイオーツ後がダイズ後対比で153％と最多収です。次いで、菌根菌が増えたヒマワリ後128％、まめゆたか125％と続いています（図52-2）。また緑肥ヘイオーツでは1個重が平均で106gと大きくなっています。

減肥の効果も検討したとこ

ろ、チッソで2kg、リン酸5kg、カリが不要でも標準区並みの収量が確保でき、この程度の可能性はあると思われました。

図52-1　ジャガイモ休閑緑肥の乾物収量と炭素率
（雪印種苗、土幌町、2002）

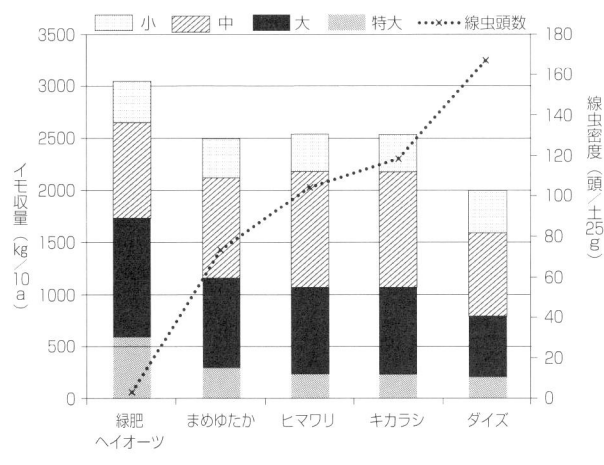

注）イモの規格　特大：＞191、大：121-190、中：61-120、小：21-60g。
　　ジャガイモの標準区の施肥量：6-20-4kg

図52-2　緑肥別休閑後のジャガイモの規格別収量とキタネグサレセンチュウ密度（雪印種苗、土幌町、2002）

> ジャガイモの規格はキタネグサレセンチュウが多くなるほど小さく低収になる
> 最適緑肥はダイズ後に比べ153％も多収になった緑肥ヘイオーツ

畑作物

Q53 マメ類に最適な緑肥作物は何ですか？

マメ類に最適なコムギ後作緑肥作物（北海道）

●線虫抑制、菌根菌感染率などに着目

マメ類の前の緑肥を選抜するには、①キタネグサレセンチュウを減らす、②菌根菌を増やす、③アズキ落葉病を減らす、④ダイズシストセンチュウ対策を行なう、ことを考慮して選定します。とくに従来のマメ類→ジャガイモの栽培体系では、キタネグサレセンチュウの被害が生じるので、この栽培体系の改善がポイントです。

●線虫、菌根菌、有機物の総合力で緑肥ヘイオーツ

士幌町の農家圃場を借りて、コムギ後作緑肥→アズキでの最適緑肥を選定してみました（図53）。菌根菌の感染率ではヒマワリが40％を超えてもっとも増やし、ヘアリーベッチ野生種の「まめ助」が次いで多く、その次にエンバク野生種の「緑肥ヘイオーツ」、緑肥用エンバクでした。無栽培の感染率は雑草によるものです（唐澤）。

後作アズキの感染率でもヒマワリがもっとも高く、緑肥ヘイオーツ、緑肥用エンバク、まめ助では大差なく、増えています。イネ科緑肥の感染率は低いものの根量が多いため、根群全体で後作アズキの菌根菌を増やしていることがみてとれます。

その結果、後作アズキ「きたのおとめ」の収量は、無栽培区を100とすると、緑肥ヘイオーツが120％、まめ助113％、緑肥用エンバクが112％、ヒマワリ109％となり、線虫を減らし、有機物が多く、菌根菌を増やした緑肥ヘイオーツが最多でした。後作が落葉病に弱いエリモショウズも、緑肥ヘイオーツ111％、ヒマワリ113％が最多収（無栽培区と有意差あり）となり、緑肥用エンバク104％、まめ助90％では落葉病の影響が出ています。

以上からもっとも適しているのは緑肥ヘイオーツやヒマワリで、菌根菌を増やすまめ助やヒマワリ後も多収になっています。逆に、シロガラシ「キカラシ」は線虫を増やし、菌根菌を

● 要点BOX ●
キタネグサレセンチュウと落葉病を抑えるには、緑肥ヘイオーツ、線虫が少ない圃場では菌根菌を増やす「まめ助」やヒマワリがよい。ダイズシストセンチュウなら「くれない」の春播きか夏播きで対応。

増やさない点で、また緑肥用エンバクも線虫やアズキ落葉病を増やす点で不適です。

●ダイズシストセンチュウ対応なら「くれない」

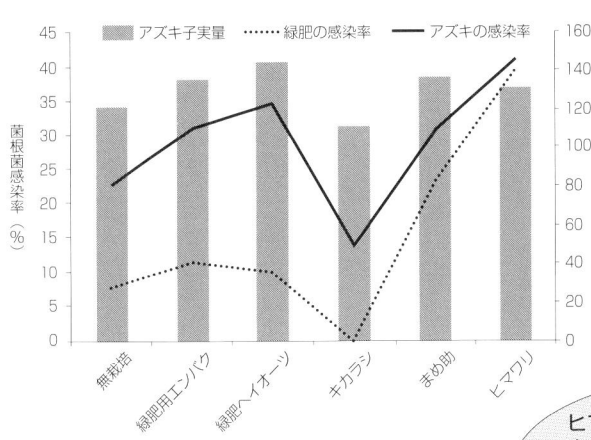

表54に、コムギ後作で導入したクリムソンクローバ「くれない」とまめ助によるダイズシストセンチュウ防除試験の結果を示しました。緑肥ヘイオーツとまめ助はダイズシストセンチュウが増えていますが、くれないは後作アズキのシスト着生指数が55と被害が軽減し、製品重も緑肥ヘイオーツ対比で124％と明らかに増収しています。くれないは本来春播きですが、ダイズシストセンチュウ対策には収量以上に夏播きによる抑制効果が大切で、汚染圃場にはお勧めです。

注意点としてこれらマメ科緑肥は、キタネグサレ、キタネコブセンチュウを増やすこと、その抑制効果は1作のみであることです。

図53 コムギ後作緑肥、アズキの菌根菌感染率とアズキ（きたのおとめ）の子実収量
（雪印種苗、唐澤、士幌町、2001）

ヒマワリがもっとも菌根菌感染率が高いが、緑肥ヘイオーツは根量でカバー、アズキの感染率では次いで高い。かつ線虫を減らすのでアズキは最多収

表53 コムギ後作利用における「くれない」のダイズシストセンチュウ抑制効果
（雪印種苗、厚沢部町、2002）

前作	作物	シスト着生指数	子実重(kg/10a)	うち製品重(kg/10a)	比(％)	百粒重(g)
くれない	クリムソンクローバ	55.1	216	145	124	37
まめ助	ヘアリーベッチ	79.2	170	111	95	35
緑肥ヘイオーツ	エンバク野生種	84.2	183	117	100	36

注）シスト着生指数＝（Σ（階級値×当核個体数）／（調査個体数×4））×100
　　製品重は8.4mm以上

畑作物

Q54 コムギに最適な緑肥作物は何ですか?

●菌根菌を増やす多収なヒマワリが最適

芽室町で行なった試験では、スイートコーンをすき込みした場合と休閑緑肥とを比較しました。緑肥作物で最多収なのはヒマワリで、スイートコーン対比127％、乾物で1.2tをすき込み、後作コムギも111％と最多収、炭素率は29.5とこの中ではもっとも低い有機物でした。

次いでスーダングラス「ねまへらそう」とソルゴー「つちたろう」、トウモロコシが多収でした。後作コムギ収量ではこれら3品種に大差がなく、スイートコーン対比で1割増収でした。この好成績を示したヒマワリはすでに古くなり、販売中止になりましたが、春播きの多収タイプです。ヒマワリには品種が多く、バーティシリウム病抵抗性で、春播きで多収な品種の選定がポイントです。

だ、播種期が5月下旬〜6月上旬と遅く、イネ科雑草の除草剤が十分に使えないのが難点です。条播栽培で、こまめにカルチ除草を行なう方法はあります。また、雑草が心配な場合は緑肥へイオーツを春播きすれば、乾物で600kg前後は確保できます。

トウモロコシは菌根菌を増やし、除草剤で有害な雑草を駆除できます。トウモロコシはキタネグサレセンチュウを増やす心配があります。コムギには被害が少なく、早めにすき込めば炭素率も低くなります。遅れた場合は硫安や石灰チッソの散布で解決できます。栽植本数を8000〜1万本／10aとし、早生品種で多収を狙い、台風の前にすき込みます。

休閑緑肥の導入は現実的に難しいものがありますが、1割程度のコムギの増収と輪作体系につながります。積極的に検討してみてください。

●スーダングラス、トウモロコシも使える

キタネグサレセンチュウ対策と、柔らかい粗大有機物の確保が可能な、ねまへらそうも有望です。た

コムギに最適な短期の休閑緑肥（北海道）

● 要点 BOX ●
コムギには菌根菌を増やすヒマワリか、有機物で1t（堆肥3t分）確保できるスーダングラス「ねまへらそう」、トウモロコシを8月までにすき込む。

コラム 5

ゼオライトと緑肥作物で飽和度が低下

● CECを上げ、
　飽和度を下げるのは難しい…

　ハウスの土壌は有機物が少なく、化成肥料や鶏糞を連用することでCECや塩基飽和度がかなり高い特色があります。この問題を解決するために東京農大ではクリーニングクロップの試験を行なってきました。しかし、塩類濃度はかなり減るものの、CECを上げ、飽和度を下げるには長期の輪作体系の確保が必要と感じています。この問題を解決するために、腐植と同じマイナスに帯電しているゼオライトを利用する取り組みがあります。

　ゼオライトは「沸石」と呼ばれ、変質を受けた安山岩や玄武岩の空隙中に無・白色結晶として見出されました。栃木県や宮城県に産地があり、わが国独自の資源です。マイナスに帯電しているため、CECが大きく、施用すると土壌の保肥力を増大させ、肥料の流亡防止が期待できます。保肥力を改善する土壌改良資材にも指定されています。

● 緑肥＋ゼオライトの
　大きな併用効果

　この取り組みではゼオライト5t/10aを東京都の黒ぼく土壌に施用するとともに、ライムギやソルゴーを5〜10tすき込んでいます。5カ年の継続試験で、ゼオライトのみで多収になったのは17作のうち5作のみで、平均すると対照区と大差ない結果でした。しかし、緑肥と組み合わせると126％と明らかに増収しました。3年間でも、ゼオライトのみ102％、緑肥のみ124％が、ゼオライト＋緑肥だと130％と、明らかに併用効果が出ています（表）。

　ゼオライトは、カリウムやアンモニウムイオンを特異的に吸着するとされ、硝酸化成作用の抑制も利点としてあげられています。産地によりCECが異なるので、それぞれの特色を理解し、CECの高いものを選ぶのがポイントです。

畑作物・野菜における天然ゼオライトと緑肥作物の併用効果（後藤、1990）

年度	後作	ゼオライト区（％）	緑肥区（％）	ゼオライト区＋緑肥区（％）
1年目	エダマメ	97	138	141
	ソルゴー	98	106	124
	コマツナ	118	108	106
2年目	エダマメ	100	115	122
	ソルゴー	89	126	112
	コマツナ	121	139	154
3年目	エダマメ	102	102	108
	ソルゴー	98	140	150
	コマツナ	98	140	150
平均		102	124	130

注1）収量は対照区対比とする。
注2）施用量　ゼオライト5t、緑肥5〜10t/10a施用した。

Q55 では北海道の畑作では、どのような輪作体系がよいのですか？

輪作体系の改善（北海道）

●緑肥ヘイオーツを挟みながら4～5年輪作

十勝管内ではコムギ→テンサイ→マメ類→ジャガイモの輪作体系が多いようですが、これだと線虫に弱いマメ類で線虫を増やし、ジャガイモに被害が出ます。この線虫対策を考えて、十勝農試では新しい輪作体系を提案しています（図55）。

5年輪作ではエンバク野生種が2回栽培されます。まずジャガイモの前で線虫を減らし、マメ類はテンサイの後の休閑利用で、エンバク野生種の「緑肥ヘイオーツ」を導入し、線虫対策は完璧です。4年輪作では緑肥ヘイオーツをジャガイモの前に入れ、テンサイで線虫を減らし、収穫が早い「金時」につなぎ、コムギを9月に播種しています。

●畑作輪作のポイント

輪作体系を考える際のポイントをもう一度整理してみると、

① マメ類とジャガイモの組み合わせはキタネグサレセンチュウを増やし、減収になる。これらは対抗作物のテンサイかエンバク野生種の後に栽培するようにします。

② テンサイやチャガラシ、シロガラシはリン酸減肥が期待できる菌根菌が着生しない。そのため、マメ類、スイートコーン、コムギ、ジャガイモ前には有機物としての効果しか期待できない。逆に菌根菌が増える緑肥はヒマワリ、トウモロコシ、緑肥ヘイオーツ、ムギ類、まめ助です。

③ テンサイ前の緑肥は根腐病を減らすチャガラシ「辛神」が最適です。次いで肥効が期待できるキカラシが考えられます。その他の緑肥でも問題ありませんが、減肥が必要です（チッソで4kg、カリで10kg前後）。

④ ジャガイモやマメ類の前は線虫対策、菌根菌、病害対策を含めて総合力で緑肥ヘイオーツが最適です。ジャガイモ黒あざ病の発生地帯

●要点BOX●
マメ類とジャガイモには、テンサイか緑肥ヘイオーツを入れ、テンサイには根腐病が減らせるチャガラシを。その他、土づくりにトウモロコシ、菌根菌を増やすヒマワリなど組み合わせて体系を。

ではチャガラシ（辛神）を選定します。

⑤ アズキ落葉病とジャガイモそうか病対策にも緑肥ヘイオーツがもっとも効果があります。そうか病の抑制には酸度矯正資材（フエロサンド）の作条施用が規定量の半量で済み、効果的です。

⑥ コムギの前の休閑緑肥には土づくりでトウモロコシ、菌根菌を増やすヒマワリ、線虫対策で「ねまへらそう」（6月上旬播種→8月すき込み）が最適です。

> 緑肥ヘイオーツとテンサイでキタネグサレセンチュウを減らして、マメ類やジャガイモを栽培するのがポイント

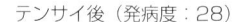

テンサイ後（発病度：28）　　　緑肥ヘイオーツ後（発病度：16）

写真55　緑肥ヘイオーツのジャガイモそうか病抑制効果 （清里町、2002）

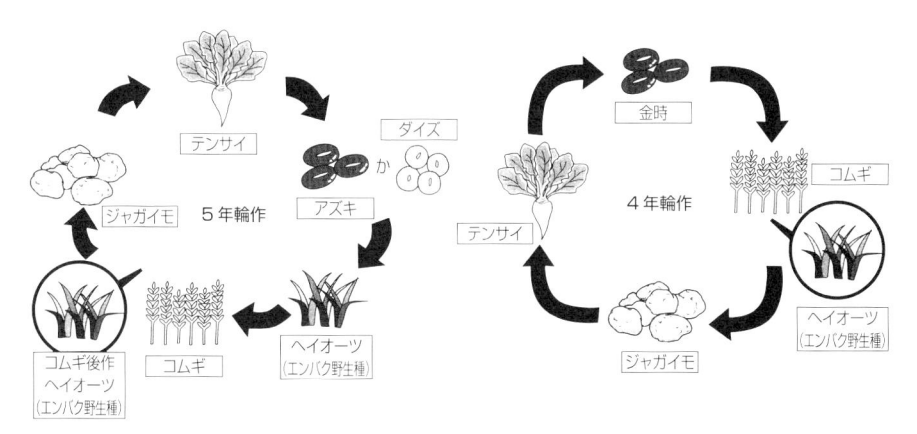

図55　エンバク野生種を組み入れた輪作モデルの一例 （十勝農試、2002）

125　Part3　対象作物別緑肥の選び方と活用のポイント

Q56 府県の場合、緑肥を組み入れた輪作体系は可能でしょうか？

輪作体系の改善（府県）

●遊休地や田畑が空く時期を利用して

府県では北海道のようにコムギ後作緑肥の可能性がなく、狭い面積の中で、輪作体系の確立が難しいのが現状です。しかし、離農後地や遊休地を利用した休閑緑肥や園芸作物ができない九州の夏場の線虫対策（ソルゴー、クロタラリア）、関東での秋～冬作の緑肥（ライムギ）、さらには水田裏作のヘアリーベッチなど、その需要は増えています。具体的な緑肥の選択については以下のような点に注意します。

●水稲には減肥ができるヘアリーベッチ

水田裏作には減肥ができるヘアリーベッチか、土づくりの「ハナミワセ」（イタリアンライグラス）が最適です。イネを収穫後、排水対策を行ない、寒冷地ではヘアリーベッチ「寒太郎」、関東・九州地方では早生の「藤えもん」か「まめ助」を播種します。初年目のすき込み量は2～3t/10aが目安です。必ず、イネやダイズでは土壌診断を行ない、基準値以上の土壌であれば、無肥料栽培が可能です。

●九州の夏場の土づくりと線虫対策にはソルゴーを

九州では夏場の園芸作物の栽培が難しいので、この時期にサツマイモネコブセンチュウ対策で「つちたろう」（ソルゴー）「ソイルクリーン」（ギニアグラス）や「ネマキング」「ネマコロリ」（ともにクロタラリア）を栽培します。播種は夏まで可能ですが、栽培期間60～80日を目安にすき込みます。

ハウスでは過剰な塩類を除去するために、クリーニングクロップとしてソルゴー類を栽培し、刈り出しすると、ECが低下、塩類濃度は半分以下になり、飽和度も改善されます。

●寒冷地や関東地方では越冬緑肥のライムギを

関東や寒冷地では冬場の園芸作物が栽培されていない地帯を多く見かけます。空白期間が10～4月であれば根もの野菜に「緑肥ヘイオーツ」によるキタネグサレセンチュウ対策（積雪地帯

● 要点BOX ●
府県では有機物は確実に不足し、ロータリ耕で圃場には犂底盤が形成され、塩類過剰な土壌が多い。栽培体系を振り返り、遊休地や圃場が空くタイミングを活かし、緑肥の積極活用を。

ではライムギ「R・007」)、チャガラシ「辛神」による土壌病害や線虫対策が可能です。

● ハウスには線虫対抗作物を

園芸作物では促成、抑制栽培による年2作栽培が盛んです。夏までに収穫できれば8月につちたろうや「ねまへらそう」(スーダングラス)で線虫対策と土づくりが可能です。2期作(夏播き)用トウモロコシ(「王夏」)の夏播き栽培が可能で、後作緑肥でお勧めです。逆に春先にトウモロコシやソルゴーを栽培して、後作に野菜や果菜類を栽培する体系も考えられます。

● 遊休地や離農後地では
粗大有機物で本格的土づくり

離農後地や遊休地をもっと利用することも考えられます。必要面積の2割を遊休地を借地で対応し、ここに休閑緑肥を入れて輪作にすれば、5年で10割になります。休閑緑肥は8月にはすき込めるので、秋野菜には間に合います。トウモロコシ、ソルゴー、「田助」(セスバニア)を夏作物として、秋〜冬作物として緑肥ヘイオーツ、R・007を組み入れて完全に休閑すると、年20t/10aの緑肥栽培も可能です。処女地ではまず、粗大有機物の導入です。

● 排水対策には
セスバニア、ヘアリーベッチ

排水不良地で「田助」やヘアリーベッチが排水性を改善しています。土壌に割れ目が入るまで生育させるのがポイントです。トウモロコシは水はけに弱く、セスバニアは犁底盤の問題がある園芸農家の圃場で効果が期待できます。

トウモロコシ(王夏)　　　セスバニア(田助)

写真56　休閑緑肥にトウモロコシ、排水対策にセスバニア

Q57 笠岡干拓地はセスバニアの土壌改良によりできたと伺ったのですが？

排水不良地の改良（笠岡干拓地）

● セスバニアで干拓地の除塩と排水対策を

岡山県の笠岡干拓地は1977年に干陸され、1990年までに872ha畑が造成されています。当初は排水促進のため、暗渠や石膏の混和が行なわれましたが、粘土含量が25％も多く、なかなか除塩が進みませんでした。そのため、1991～93年にかけて緑肥作物のソルゴー、セスバニア、クロタラリア・ジュンシアが検討され、排水不良地に強いセスバニアの成績が優れていました。ここではソルゴーと比較して説明します。なお、施肥量はセスバニアがN・P・Kで4・8・8kg、ソルゴーが10・12・10kgで、6月下旬から7月上旬に播種、9月下旬から10月上旬にすき込みました。

● ソルゴーに準ずる収量で物理性を改善、後作多収

セスバニアの収量は乾物で1100kg以上、ソルゴー対比で91％と極多収でした。炭素率が16と分解が容易で、75cmまで深く根が伸長したためにロータリでもすき込みは容易で、ソルゴーは40％も露出してしまったためプラウが必要でした（表57-1）。

後作の土壌の物理性は、セスバニアでは気相が若干増えていますが、ソルゴーでは無栽培区より若干増えた程度です。その結果、後作コムギは標準施肥量区では86％と極低収でしたが、1/2減肥区では140％と無栽培区に比べ極多収、倒伏も軽減されています。ブロッコリーでもソルゴー対比で130％とやはり極多収になっています（表57-2）。

● チッソの分解も1カ月で6割、減肥も可能

土壌中のチッソの分解は理設後2週間で4～5割、1カ月で約6割、3カ月で約7割と進み、チッソで14kg分と算出され、減肥が可能なことがわかりました。

このように、セスバニアは排水不良地ではソルゴー以上に土づくりに実績があり、とくに下層土の物理性の改良に優れています。この結果が諫早湾干拓地に生かされました。

要点BOX
岡山県笠岡干拓地ではセスバニアの栽培がソルゴー以上に干拓地の排水性を改良し、土づくりにつながっている。

表57-1　緑肥作物の収量、肥料成分、根の伸長（山本、1998を改編）

緑肥作物	生育・収量成績			無機成分		炭素率	露出割合（ロータリ耕）(%)	根の深さ		亀裂の深さ(cm)
	70日目草丈(cm)	乾物収量(kg/10a)	比(%)	水分(%)	全チッソ(%)			小根(cm)	細根(cm)	
セスバニア	238	1193	91	62.9	2.35	16	5	75	75	75
ソルゴー	253	1304	100	78.8	0.96	40	40	12	32	30

注）小根：直径2〜5mm、細根：直径2mm以下

表57-2　緑肥作物すき込みによる土壌物理性への影響と後作コムギとブロッコリーの収量（山本、1998を改変）

緑肥作物	施肥量	ベーシックインテークレート注）(mm/h)	三相分布			コムギ収量			ブロッコリー収量	
			固相率(%)	液相率(%)	気相率(%)	精麦重(kg/10a)	比(%)	倒伏(0無〜5全)	収量(kg/10a)	比(%)
セスバニア	標準	604	43.9	30.5	25.6	365	86	4	1130	130
	1/2減肥					591	140	3	―	
ソルゴー	標準	171	48.0	35.3	16.7	417	99	0	867	100
無栽培	標準	111	48.6	36.7	14.7	423	100	0	―	

注）土壌への水分の排水速度を示す。

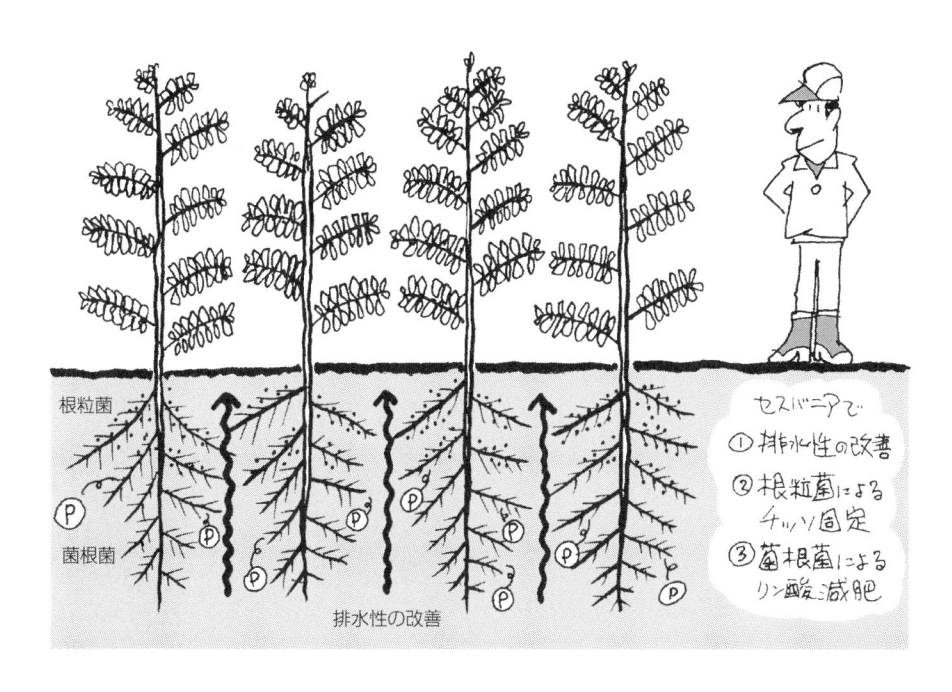

2 イネ、転作ダイズ

Q58 アレロパシーとは？ それを活かした緑肥の活用法について教えてください

●植物の自己防御機構

アレロパシーとは植物の自己防御反応で、特定の化学物質を放出し周囲の作物や雑草の発芽や初期生育を抑える作用のことです（Allelopathy）。例えば、アカクローバには忌地現象があり、連作を嫌い、ソルゴーにもソルゴレオンという物質が固定され、これを利用した除草剤が開発されています。

リビングマルチはビニールマルチと違い、この作用を利用して周辺の雑草を抑える環境に優しい利用法です。

藤井はアレロパシーの程度を測るサンドウィッチ法やプラントボックス法を開発しています。これを用いて各植物のアレロパシー活性をまとめています（表58）。この表ではエンバク野生種とヘアリーベッチのアレロパシー活性が一番高く、次いでムクナとなっています。この雑草抑制効果がヘアリーベッチの草生栽培や、緑肥ヘイオーツの線虫対抗作物として、有利に働いています。

●ヘアリーベッチの高いリビングマルチ効果

果樹の草生栽培に用いられるヘアリーベッチも同様に雑草抑制作用が大きく、この抑制物質はシアナミドであることがわかっています。佐賀大学ではヘアリーベッチとレンゲ、アカクローバ、それぞれのアレロパシー活性をサンドウィッチ法で検定し、レタス幼根を試料に伸長率を見た試験を行なっています。結果は、順に81％、80％、69％で、ヘアリーベッチとレンゲの抑制率が高いものの、両者に差はありませんでした。

次いで実際にレタスと混植して調べると、ヘアリーベッチがもっともレタスの生育を抑制しました。

さらに圃場でヘアリーベッチを栽培し、5月28日に後作を移植、すき込むかどうかで雑草抑制の違いを見たところ、すき込まないリビングマルチ区は雑草を著しく抑えたのに対

アレロパシーの紹介

● 要点BOX ●
アレロパシーは生物的他感作用といわれ、植物が自己防衛のためにある化学物質を放出し、外周の雑草の発芽を抑制したり、生育不良にすること。ヘアリーベッチのリビングマルチなどはこの作用を活かした生きたマルチ。

し（図58）、すき込み区は雑草を抑えなかったと報告しています。

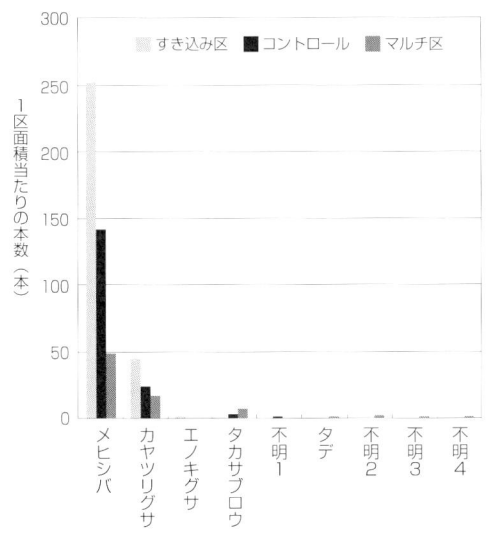

図中ラベル：
- ヘアリーベッチ
- LIVING MULCHES
- 雑草→枯死（アレロパシー）
- あおかれて発芽・生長できないよう

表58 アレロパシー活性の評価
（藤井、2007）

植物名	サンドイッチ法	プラントボックス法
エンバク野生種	23**	5***
ムクナ	20**	10**
ヘアリーベッチ	8***	18*
その他21植物の平均	44	49

注1）レタスの幼根伸長で評価した。
注2）＊印が多いほどアレロパシー活性が高い。

図58 ヘアリーベッチすき込みマルチ処理による圃場での雑草の発生の違い（鄭ら、2006）

グラフ凡例：すき込み区、コントロール、マルチ区
縦軸：1区面積当たりの本数（本）
横軸：メヒシバ、カヤツリグサ、エノキグサ、タカサブロウ、不明1、タデ、不明2、不明3、不明4

Q59 トマトやジャガイモの雑草防除と増収にヘアリーベッチは役立ちませんか？

ヘアリーベッチによるリビングマルチ（雑草防止と収量アップ）

●生育が平均に揃い、秀品率も上がる

熊本県では夏秋トマトの栽培で使うビニールマルチの廃棄処理の問題を解決するため、ヘアリーベッチをマルチの被覆資材として試験しています。その結果、ヘアリーベッチ区は生育期間中の地温が白黒Wマルチに比べ平均で1.4℃低くなり、トマトの生育が平均になりました。果実数は白黒Wマルチのほうが多く、多収ですが、大玉の割合が多くなり、逆に秀品率が17％優れ、収量に大きな差がなく、溶出日数100日タイプの緩効性肥料（リニア型被覆燐硝安カリ）の施用を加えることで、リビングマルチの収量は慣行栽培とほぼ同じで、秀品率が向上する省資源栽培法であると思われます。

留意点として、黒ぼく畑での技術で、ヘアリーベッチの播種はトマト定植時に畦間に行ない、肥培管理を被覆燐硝安カリ（100日タイプ）とすることだとしています。

●ジャガイモも1～3割増収、雑草も1/6～1/3に

農研機構・近中四国農研センター（香川県）では、ヘアリーベッチの肥効に着目し、低投入型のジャガイモ栽培を報告しています。2月下旬にタネイモを植え、直後にヘアリーベッチを3kg/10a播種（図59-1）。草丈が25～30cmになったところ（4月下旬～5月上旬）すき込みました。乾物収量は250kg、すき込まれたチッソは約10kgで、バーク堆肥（チッソ0.7％）を1.5t施用程度の肥効が期待できます。化学肥料のチッソ代替効果は、チッソ0kg区で8kgに相当しています。

ジャガイモ収量は中耕を行なうと向上し、慣行栽培（化成肥料、堆肥施用、中耕あり、ベッチなし、植付け浅）に比べ、ヘアリーベッチのみでは13％多収、堆厩肥とベッチでは34％増収となっています（図59-2）。さらにヘアリーベッチすき込みで、雑草がベッチ栽培がない中耕区のみの1/6～1/3に

要点BOX
ヘアリーベッチのリビングマルチ、トマトではすき込み利用で秀品率改善、ジャガイモは雑草を抑え、減肥と多収栽培が可能。

表59 ヘアリーベッチのリビングマルチ栽培のトマト果実の収量と性質 (郡司掛、1998)

マルチ	施肥資材		一果重 (g)	収穫量 (kg/a)	対比 (%)	果実数 (個/10株)	秀・優品割合 (%)	差 (%)
	溶出タイプ	溶出日数						
白黒W	リニア	100	198	578	100	146	62	0
	シグモイド	100	200	576	100	144	69	7
ヘアリーベッチ	リニア	100	224	564	98	126	79	17
	シグモイド	100	189	525	91	139	75	13

注) トマト定植:5/6→収穫:6/17〜7/31
　ヘアリーベッチ播種:5/6、播種量:12kg/10a、施肥:30kg N/10a

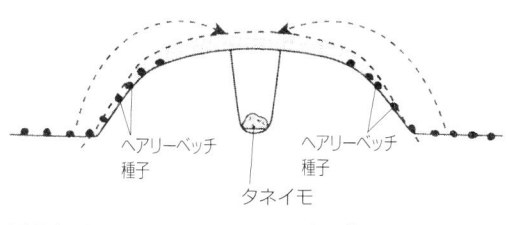

注1) 2月下旬にタネイモを植え、同時にヘアリーベッチを畝肩から畝間に播種する。
注2) 中耕は、ジャガイモとベッチの草丈が同じ(25〜30cm程度)になる4月下旬〜5月上旬に行なう(点線で示す)。
注3) 畝幅、株間は慣行どおり。(それぞれ65〜75cm、25〜30cm)

図59-1　ヘアリーベッチのリビングマルチによるジャガイモの栽培法 (吉川、2005)

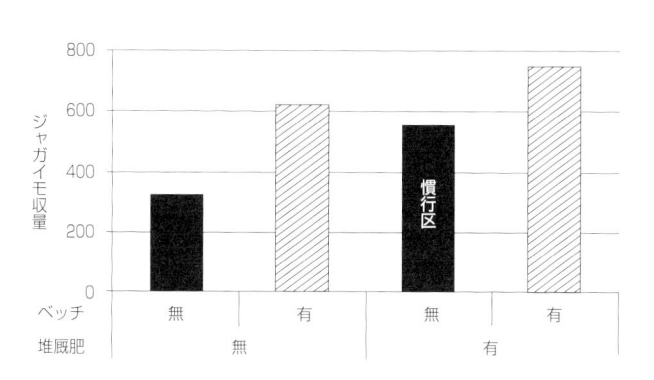

図59-2　ジャガイモ収量におよぼすヘアリーベッチのリビングマルチと堆肥の効果 (吉川、2005を一部改変)

注1) ジャガイモ品種は「メークイン」
注2) 原図のうち、植付け:深区で中耕区、ヘアリーベッチ早生品種の成績を拾った。

ヘアリーベッチのリビングマルチとすき込みで雑草抑制と多収を狙ってみよう

減少し、除草の必要がなくなりました。
このようにリビングマルチには当初は雑草を抑制し、その後肥効を期待してすき込む場合と、放置して枯らしたうえにカボチャなどを作り、収穫する場合があります。肥効はヘアリーベッチの収量により異なりますが、約8kg/10aまでの減肥が可能です(目安)。

Part3 対象作物別緑肥の選び方と活用のポイント

Q60 ヘアリーベッチのリビングマルチで病害虫は減りませんか？

2 イネ、転作ダイズ

●雑草抑制と立枯病防除（茨城県・カボチャ）

茨城県では、臭化メチルや敷きワラの代替としてヘアリーベッチのマルチ栽培がカボチャの立枯病を抑制するかを検討しています。前年の10月にヘアリーベッチを3kg/10a播種、ベッドの部分を3月下旬にロータリで耕起、4月上旬にチッソで12kg施肥し、カボチャを定植しました。ヘアリーベッチはカボチャの畝間に繁茂して敷きワラの代替となり、雑草を防除しました。カボチャの落花率、一果重、果形、収量、果実の糖度は敷きワラ区とほぼ同等でした。

立枯病の発病は1年目では十分に抑えられませんでしたが、2年目で大きく減少し、枯死株率13.8％（敷きワラ39.3％）ととくに低くなり、発病度47.4も低下しています（図60-1）。現地試験も同様で、敷きワラの枯死株率は26.8％に比べ、ヘアリーベッチ区では19.6％と減少しました。さらにトウモロコシとの隔年輪作で発病が抑えられました。

●モンシロチョウの幼虫やアブラムシの密度を抑制（宮城県・キャベツ）

宮城県ではIPM（総合的病害虫管理）を推進するうえで、ヘアリーベッチとオオムギをリビングマルチとして使い、キャベツの害虫防除を検討しました。ヘアリーベッチをリビングマルチとして、キャベツと同時に播種した結果、モンシロチョウやアブラムシ類の密度は抑えられましたが（図60-2）、コナガは抑制できず、BT剤で対応するとしています。

また、コナガ等の害虫やアブラムシを捕食するゴミムシの密度が春播きキャベツで増えました。これらのことから、リビングマルチの効果は葉物野菜が多いときに大きいと思われます。

ヘアリーベッチによるリビングマルチ（病害虫防除）

● **要点BOX** ●
ヘアリーベッチのリビングマルチで、カボチャの立枯病が減少、キャベツではモンシロチョウやアブラムシが抑えられる。

■ 発病株率（％）　□ 枯死株率（％）　▨ 発病度

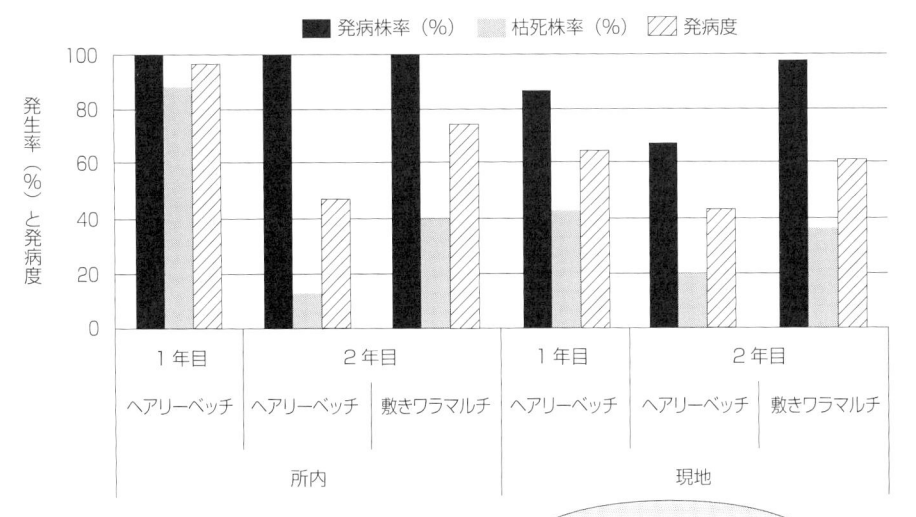

図60-1　ヘアリーベッチ栽培がカボチャ立枯病の発病におよぼす影響（渡邊、2004）

カボチャの立枯病防除は2年目から抑制。またトウモロコシとの隔年栽培でさらに発病が抑えられている

[モンシロチョウ幼虫]

―― 除草区
‥‥ ヘアリーベッチ

[モモアカアブラムシ]

―― 除草区
‥‥ ヘアリーベッチ

ヘアリーベッチのリビングマルチはアブラムシやモンシロチョウの幼虫を抑えるが、コナガには効果がない

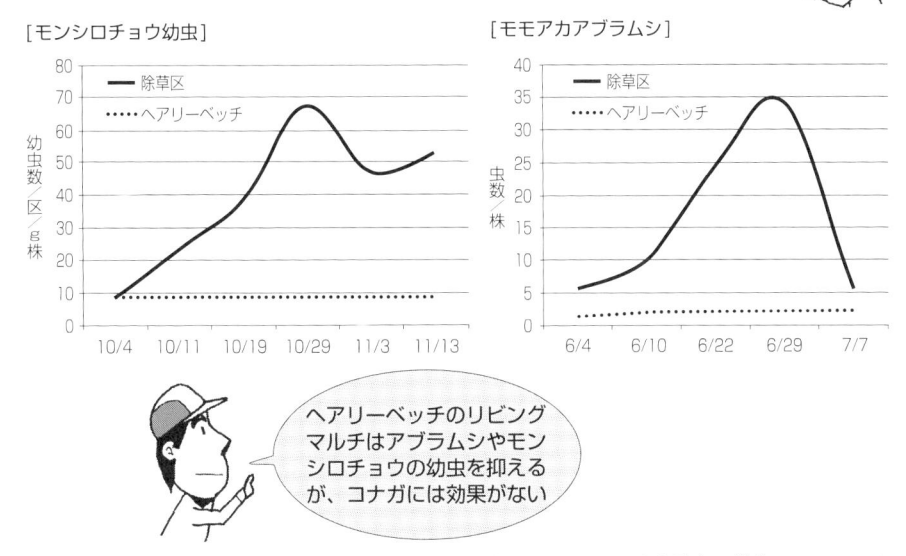

図60-2　リビングマルチ（ヘアリーベッチ）の有無とキャベツの害虫発生の推移（増田、2008）
注）左：秋播きキャベツ、右：春播きキャベツ

2 イネ、転作ダイズ

Q61 ヘアリーベッチとレンゲではどちらが裏作緑肥として適していますか？

水田裏作にヘアリーベッチ（熊本県）

●マルチ利用では雑草抑草効果はほぼ同じ

熊本県ではレンゲとヘアリーベッチを栽培、イネの収量の安定化が図れないかを検討しています。

レンゲとヘアリーベッチは2002年の9月20日と2003年10月15日に4kg/10a播種され、翌年、イネ播種の10日前にフレルモアで刈り払い、マルチ化されました。それぞれ5月21日と24日にイネ（ヒノヒカリ）5kgを直播し、6月21日に入水されました。除草剤は、慣行区が播種前から5回、緑肥区は播種直後（プロメトリン）と入水前（ペンタゾン）の2回で済みました（適用は当時）。

雑草の調査は、2003年は雑草が少なかったので10月3日に、2004年は多かったので7月20日に行ない、図61にまとめました。

2003年の緑肥区は緑肥なし無除草区より明らかに雑草量が少なく、レンゲ、ヘアリーベッチとも除草剤2回処理区は慣行区（除草剤5回処理）並みの効果でした。2004年は緑肥の有無で雑草抑制の効果は少ないものの、除草剤2回処理区は慣行区並みに少なく、緑肥区は除草剤の散布回数を低減できることがわかりました。この効果は被覆したレンゲとヘアリーベッチの草量に大きく影響されています。

●チッソすき込み量はヘアリーベッチが上でイネは多収

次いですき込みによる肥料効果を、2006年まで検討しました。

平均の緑肥の乾物収量とチッソすき込み量はレンゲで309kgと6.3kg、ヘアリーベッチで313kgと9kgで、ヘアリーベッチがレンゲを上回っています。後作イネの収量は標準施肥区に比べ、無肥料条件では3カ年平均で、レンゲ91％、ヘアリーベッチ97％とヘアリーベッチがレンゲより多収、化成肥料区（慣行区）並みに多収になっ

● 要点BOX ●
ヘアリーベッチとレンゲ、前者のほうがチッソすき込み量が多く、精玄米重が多収に。また、ヘアリーベッチの刈り払いマルチ処理で除草剤は2回で十分。

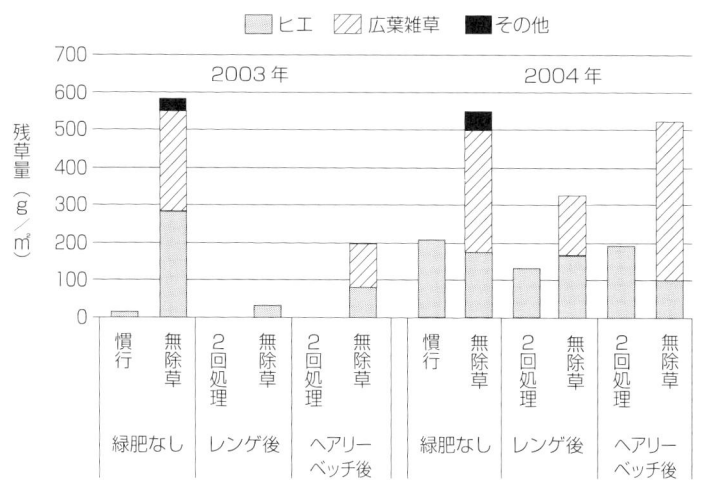

図61 緑肥および除草処理による残草量 （金森、2008）

> ヘアリーベッチのマルチ化処理と組み合わせることで、除草剤の使用は2回と半減した

ています（表61）。この効果はチッソ10kgに匹敵しています。とくに穂数は若干少なく、一穂籾数が増加、1㎡当たり籾数では大差なくなっているのが要因と考えられています。

表61　レンゲ、ヘアリーベッチ栽培後のイネの収量構成要素と収量比較
（2003、05、06年の平均、金森ら、2008を一部改変）

肥料	緑肥	穂数 (本/㎡)	㎡当り籾数 (x100)	比 (%)	登熟歩合 (%)	千粒重 (g)	精玄米重 (kg/10a)	比
無肥料	緑肥なし	198	147	79	88.9	21.9	248	61
	レンゲ	245	176	95	89.9	22.5	373	91
	ヘアリーベッチ	259	192	103	88.9	22.7	397	97
標準施肥	緑肥なし	287	186	100	91.2	22.6	409	100
	レンゲ	312	242	130	88.2	22.9	512	125
	ヘアリーベッチ	274	215	116	91.3	23.1	523	128

注1）圃場は熊本県球磨農業研究所で、イネは直播とし、この表は一部修正した。
注2）標準施肥はN-P-Kで10-10-10kg/10aとした。
注3）レンゲとヘアリーベッチの品種は普通種である。
注4）緑肥→イネ播種期　10/15→5/21（2003）、9/29→5/20（2005）、未播種→5/22（2006）
注5）緑肥播種量：4kg/10a, イネ播種量：5kg/10a

> ヘアリーベッチをすき込むと無肥料区はレンゲ以上に多収、標準施肥の緑肥なし区と大差ない精玄米重が得られた

Q62 ヘアリーベッチにより高付加価値米の栽培が可能でしょうか?

四国の中山間地帯では農家の高齢化と農薬のオキシンの残留問題に対応するために、無農薬栽培のニーズが高まっています。そこで、農研機構・近中四農研センター(香川県)ではヘアリーベッチ栽培を導入、除草剤や化学肥料を使わない高付加価値米の生産技術を検討しました(表62)。

●減農薬・減化学肥料で高付加価値生産

① ヘアリーベッチを10月に播種、翌年の4～5月にすき込み、3日以内に入水、6日以上空けて、14日以内に田植えを行なう。

② ヘアリーベッチの雑草抑制効果は3日以内の入水で大きく、2週間は継続するが、入水が遅れるとその効果は低下する。

③ ヘアリーベッチの乾物収量は400～800kg、チッソ含有量が3.1%、チッソの無機化率が60%なので、チッソ供給量は7～15kgと推定される。

④ 雑草を完全には抑制できないが、慣行栽培とほぼ同等の収量と品質が得られた(対比で106～116%)。

なお、注意点として、

・ヘアリーベッチは湿害に弱いので、必ず排水溝(明渠)を掘り、播種後、覆土する。

・ヘアリーベッチはモアで刈り払ってロータリですき込む。

・入水後、くさい臭いがないと抑草効果が劣る。

・ヘアリーベッチ後の雑草抑制(効果)はコナギが主体で、ヒエは少ない。

表62 ヘアリーベッチ栽培後のイネの生育と収量
(近中四農研センター:香川県、高知県、2001)

年	処理	ベッチ乾物収量 (kg/10a)	雑草発生量 (kg/10a)	イネ 穂数 (本/株)	イネ 精玄米重 (kg/10a)	対比 (%)
1998	ヘアリーベッチ	766	0	24	617	116
	慣行区		0	23	534	100
1999	ヘアリーベッチ	未測定	8	18	503	112
	慣行区		0	15	449	100
2001	ヘアリーベッチ	388	人力除草	21	469	106
	慣行区		0	30	444	100

注1)1998年はベッチ:試験9区の値。2001年は高知県の農家で実施。
注2)慣行区は除草剤を使用、無施用の雑草発生量は134kg/10aであった(1999)。

水田裏作にヘアリーベッチ(香川県・高知県)

要点BOX
❶ヘアリーベッチはすき込み後3日以内に入水すると、雑草を抑制。
❷精玄米重と品質は慣行栽培と同等かやや多収。

Q63 ヘアリーベッチからのチッソ供給量はどのくらいですか？ 無肥料栽培は可能ですか？

水田裏作にヘアリーベッチ（石川県）

● 砂壌土では8割のチッソが夏までに放出、穂肥を工夫して多収に

石川県では現場で普及しているヘアリーベッチのチッソ供給量について試験を行なっています。要点は以下のとおりです。

① ヘアリーベッチはすき込まれると分解が早く、この試験では移植期までには79％のチッソが放出され、その後わずかに放出が続く（図63）。

② そのため、基肥無施用で栽培できるが、出穂期には葉色が低下するので、穂肥の必要がある。

③ 穂肥は幼穂形成期の生育診断に基づき、1回目（出穂17～16日前）を遅らせた穂肥診断区では、倒伏がなく、慣行区対比116％と多収になる。

なお、注意点としては、

・本試験はヘアリーベッチのすき込み量が2.9t／10aの結果である。
・この技術は土壌肥沃度が低～中程度で有効。
・ヘアリーベッチのすき込み量、チッソ流亡量、土壌肥沃度、気象条件等でイネの生育が異なるので、穂肥は幼穂形成期の生育状況を見て施用する。

この成績ではチッソの無機化率はかなり高くなっていますが、私たちの千葉研究農場（粘土質）の結果では、最高分げつ期でも葉色の落ち込みはなく、土壌や気象環境で異なることがわかります。ただし、穂肥で生育や収量を制御するのはよい方法で、倒伏防止や食味の向上にもつながります。

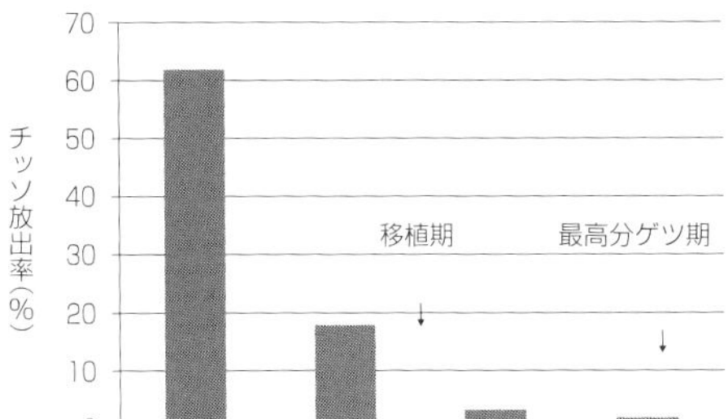

図63　ヘアリーベッチからのチッソ放出率
（石川県、2012）

● 要点BOX ●
砂壌土ではヘアリーベッチの分解が早く、すき込まれたチッソの約8割が放出、イネのチッソ必要量は穂肥で調整。1回目の穂肥を遅らせると倒伏なく、むしろ増収。

2 イネ、転作ダイズ

Q64 コシヒカリは倒伏に弱く、食味が心配です。ヘアリーベッチ後の無肥料栽培は可能ですか？

水田裏作にヘアリーベッチ（新潟県）

●すき込み量が多いと2、3年目も過剰チッソで倒伏

新潟県ではヘアリーベッチすき込み後のチッソの発現について試験を行ない、1作目は慣行区並みであったが、2作目、3作目は最高分げつ期までにチッソが多く発現したため、倒伏を認めています（2007～09年、品種コシヒカリ）。ヘアリーベッチの収量（カッコ内はチッソすき込み量）は、早播きで、2007年は320kg（11.5kg/10a、2008年は239kg（9.6kg）、2009年は341kg（14.3kg）でした。

ヘアリーベッチのチッソ発現量は、1作目は慣行区と大差ありませんが、2、3作目では慣行区のすき込み量を明らかに上回り、この2年間では慣行区の2倍量でした（図64）。2、3年目には、ヘアリーベッチ区では穂数が明らかに増加し、千粒重と登熟歩合が若干低くなっています（表64）。イネの収量はこの3年間、慣行区と大差はありませんでしたが、2、3年目には倒伏が若干多くなりました。

●2年目以降、チッソすき込み量は5～7kgに

この過剰な生育を防ぐためには、地力チッソを抑える必要があり、2作目以降のチッソすき込み量を5～7kg、地上部の生収量で1250～1750kg程度にするとよいとしています。また、現場では倒伏に強いイネの品種選定や早期のすき込みなど対策が行なわれています。新潟県では加工用米や飼料用米など低コストで多収が狙えて倒伏に強い品種がよいのでは？　とのことです。

●1㎡の坪刈り2kgで10a当たり2tの生収量に相当、チッソ8kgが目安

このように、土壌にもよりますが、初年目の分解は5～8割で、残りは翌年にもち越します。ヘアリーベッチの栽培が続くと地力が向上し、生育はよくなりますが、チッソ過剰によるマイナス面もあり、私たちもその調整はすき込み量で行ないます。

●要点BOX●
ヘアリーベッチ後のコシヒカリ無肥料栽培では、2年目以降はもち越しチッソがあるので、チッソすき込み量は5～7kgと少なめに。草丈が20～30cmになったら注意。

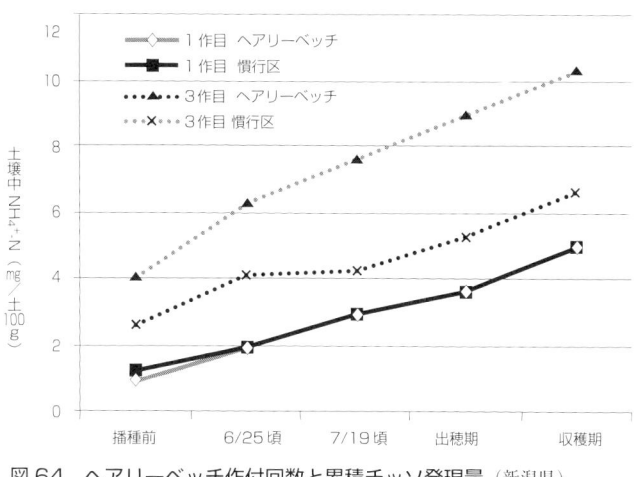

図64 ヘアリーベッチ作付回数と累積チッソ発現量（新潟県）

初年目に4t/10aすき込んで、倒伏を経験しています。すき込み量は土壌やイネの品種にもよりますが、2〜3tがよいようです。草高が膝頭以下の大きさで、20〜30cmになったら注意してください（写真64）。2年目以降はさらに少なめにします。

表64 ヘアリーベッチとレンゲ栽培後のイネの収量構成要素と収量（新潟県、2010）

年	処理	収量構成要素				収量		
		穂数（本/m²）	籾数（粒/穂）	千粒重（g）	登熟歩合（%）	収量（kg/10a）	対比（%）	整粒歩合（%）
2007	ヘアリーベッチ	343	87	21.4	88.5	579	103	71.7
	レンゲ	317	83	21.8	91.1	560	99	75.0
	慣行区	329	79	26.2	92.9	563	100	76.4
2008〜09平均	ヘアリーベッチ	389	86	21.3	80.9	525	98	69.6
	レンゲ	311	83	25.8	91.2	496	92	73.7
	慣行区	297	85	25.1	92.8	537	100	76.0

注）早播き区の成績を引用した。

草高で20〜30cmが1つの目安だよ

写真64
生収量2〜3t（チッソで8〜12kg）のヘアリーベッチ

Q65 ヘアリーベッチすき込みでリン酸の減肥はできないのですか？

2 イネ、転作ダイズ

●有効態リン酸が基準値以上なら減肥可能

私たちの試験では、ヘアリーベッチ後のイネは、無肥料や無リン酸区でも草丈・穂数がベッチなし慣行区並みで、SPAD値（葉緑素量）がやや高く、チッソの効果で葉色が濃くなりました。ヘアリーベッチ後のイネのリン酸濃度は、リン酸施肥を減らしてもベッチなし慣行区と同等以上でした。

ヘアリーベッチ後の無リン酸区の地上部全重は、ベッチなし慣行区を100％とした場合、佐倉市で117％、成田市では116％とむしろ極多収になりました。精玄米重は、有効態リン酸が基準値より低い佐倉市では慣行区に比べ、ベッチ有り無リン酸区で96％、無肥料区では95％とやや低収となりました。しかし、有効態リン酸が基準値内の成田市では、ベッチ有り無リン酸区は110％、無肥料区では109％と多収で、ベッチによるリン酸供給の効果が現われています（表65-1、表65-2）。

●直接供給されるリン酸以外にも期待できる

土壌中には作物が利用できない形のリン酸（鉄やアルミニウムに吸着されたリン酸）がたくさんあります。ヘアリーベッチから期待できるリン酸は2～3kg/10aで、イネの必要量には不足しています。

しかし、菌根菌の増殖や、ヘアリーベッチがすき込まれると微生物が活性化され、今まで利用できないリン酸を利用できるようにしてくれる微生物も多く、これらによるリン酸の供給も2kg前後は期待できます（推定）。

実際のリン酸減肥にあたっては、まず土壌分析を行ない、有効態リン酸の最低基準値の確認が必要です。

今回の場合、有効態リン酸の最低基準値が10mgで、これ以上ではリン酸を含めて無施肥栽培が可能、以下はリン酸施肥が必要という結果になっています。リン酸無肥料栽培でも、土壌診断とイネの生育を見ながら対応していくことが大切です。

水田裏作にヘアリーベッチ（雪印種苗・千葉研究農場）

● 要点BOX ●
リン酸無肥料栽培でも，土壌診断で有効態リン酸が最低基準値：10mg以上であれば減肥栽培が可能（千葉県）。

表65-1　耕種概要とヘアリーベッチすき込み量（雪印種苗、2014）

場所	ヘアリーベッチ (kg/10a)				イネ		
	播種期	すき込み期	生収量	すき込成分量 N-P₂O₅-K₂O	品種	移植期	収穫期
佐倉市	10月17日	4月10日	2569	12.1-3.6-11.0	ふさこがね	5月2日	8月22日
成田市	10月15日	3月26日	1854	9.8-2.7-7.6	ヒメノモチ	4月30日	8月22日

表65-2　ヘアリーベッチ栽培後のイネのリン酸減肥と収量（雪印種苗、2014）

場所	ヘアリーベッチ	減肥処理区	施肥量 (kg/10a)	草丈 (cm)	穂数 (本)	SPAD (7/9)	精玄米重 (kg/10a)	(%)	リン酸 (7/4) 有効態 (mg/100g)	作物 (%)
佐倉市 (2013)	無	慣行区	5-8-7	99	27.6	38.1	749	100	7.6	0.80
		無リン酸区	5-0-7	94	27.7	35.2	726	97	6.7	0.76
	有	慣行区	5-8-7	101	31.3	42.3	738	99	5.9	0.92
		2割減肥区	5-6-7	100	31.6	39.3	696	93	6.0	0.87
		無リン酸区	5-0-7	101	30.3	40.9	721	96	6.3	0.87
		無肥料区	0-0-0	99	26.1	40.8	711	95	6.2	0.82
成田市 (2013)	無	慣行区	5-8-7	101	19.6	32.9	573	100	19.3	0.78
		無リン酸区	5-0-7	100	20.1	30.6	520	91	18.6	0.73
	有	慣行区	5-8-7	110	20.8	39.0	702	123	20.8	0.92
		2割減肥区	5-6-7	105	21.6	34.1	651	114	18.4	0.80
		無リン酸区	5-0-7	108	18.3	35.5	631	110	16.3	0.85
		無肥料区	0-0-0	99	19.7	34.0	623	109	16.1	0.80

注）全重と精玄米重には各々の場所で、処理間で有意差はなかった。

> ヘアリーベッチによるリン酸減肥は、土壌診断で有効態リン酸が基準値以上（10mg）なら可能。成田市ではベッチ有の無肥料区で精米玄重109％。基準値より少ない佐倉市では95％に

2 イネ、転作ダイズ

Q66 ヘアリーベッチの品種と栽培方法を教えてください

水田裏作にヘアリーベッチ（各品種と栽培のポイント）

●各品種の主な特性

ヘアリーベッチは、

・チッソなど各種肥料成分がエンバク以上に豊富で多収
・土壌被覆が早く、アレロパシー効果で雑草を抑制
・アズキ粒大の大きな根粒が空中チッソを固定し、土壌を肥沃化
・炭素率が10～15と低く、すき込み後の分解が早く、肥効が即効的
・府県では水田裏作緑肥や果樹園（カキ）の草生栽培に最適

などの特性があります。

現在は、「まめ助」「藤えもん」「寒太郎」（雪印種苗）、「ウィンター」（タキイ種苗）、「まめっこ」（カネコ種苗）などが販売されています。それぞれの特性は表66を参照ください。なお、寒冷地では越冬できない品種もあるので、必ず種苗会社に特性を確認してから使うようにします。

●栽培のポイント

① 播種量は3～5kg/10a、播種期は10月を目安として、各々の品種特性に従って播種する。施肥はとくに必要がない。

② 必ず排水対策（明渠か暗渠）を行ない、水路をつくる（写真66右）。

③ 写真のアカベッチ（左の右側）は根粒菌のつきが悪く、排水対策不良が原因です。4月末までに大きく育てる。

④ 品種は暖地系と寒地系があるので、積雪地帯では耐寒性に優れたものを選ぶ。時期は生育量で2～3tを目安に、後作イネの品種と地力で決める。2年目以降はイネの倒伏に弱い品種は1～2tと早めにすき込む。

⑤ すき込みはロータリで行ない、

⑥ イネへの施肥は土壌診断により判断し、基準値以内であれば減肥栽培が可能。

⑦ 雑草抑制効果は、すき込み後3日以内に入

● 要点BOX ●

ヘアリーベッチは現在、まめ助、藤えもん、寒太郎（雪印種苗）、ウィンターベッチ（タキイ種苗）、まめっこ（カネコ種苗）が販売中。寒冷地では越冬できない品種もあるので、各種苗会社に特性を確認してから使う。

表66　ヘアリーベッチの販売品種の特性表

種苗会社	品種	適応地帯	特性
雪印種苗	まめ助	北海道・府県	暖地タイプの早生・多収品種 北海道では秋播きコムギの後作緑肥として普及 府県ではカキの下草や関東以南の水田裏作に
雪印種苗	藤えもん	府県	越冬性に優れた寒地タイプの早生品種 耐湿性に優れた裏作緑肥 花もきれいで景観美化に
雪印種苗	寒太郎	府県	越冬性に優れた寒地タイプの晩生種 積雪地帯の裏作緑肥 長期の果樹の下草栽培
カネコ種苗	まめっこ	府県	耕作放棄畑に活用 早生、アレロパシーで雑草を抑制
タキイ種苗	ウィンターベッチ	府県	越冬性に優れ、積雪地帯での利用に優れる 晩生で生育期間が長いため、有機物量が豊富 アレロパシー効果が高く、雑草抑制効果が期待できる
タキイ種苗	ヘアリーベッチ	府県	アレロパシー効果で雑草をよく抑制する。果樹園の下草に効果大 日陰でも生育良好で、排水がよければ土を選ばない 土壌に対する適応性が大きく、pH4.9～8.2で生育
ホクレン	まめ屋	北海道	夏播き可能なマメ科緑肥 秋播きコムギ収穫後に栽培可能

右は生育不良なアカベッチ（湿害のため赤色を呈したヘアリーベッチ）　排水路（明渠）

写真66　ヘアリーベッチの排水対策

水し、6～14日以内に田植えを行なうと、2週間程度は期待できる（近中四農研センター）。

⑧夏場（最大分げつ期）の葉色で穂肥の必要性を判断する。とくに砂壌土では、ヘアリーベッチの分解が早く、肥効が大きく、穂肥を検討する（Q63、64を参考）。

2 イネ、転作ダイズ

Q67 水田裏作でイタリアンライグラスはどうでしょうか?

●イネの刈り株跡に不耕起播種、簡単な裏作緑肥

イタリアンライグラスは不耕起播種が可能で、暗い条件下でも葉面積が広がり、生育が良好です。そのため前作の畝間に播種し、立毛栽培ができます。またイタリアンライグラスはエンバクに比べ、価格も手頃で、根量が多い特性をもっています。冬越しに優れ、ライムギと同様越冬するため、地上部並みに地下部の生育が良好です。

「ハナミワセ」(写真67-1)はこのイタリアンライグラスの極早生種で、サクラの開花と同じ頃に出穂します。生育が早く、極短期で多収な品種で、府県ではトウモロコシの前作にエサ用として利用されています。この品種を秋口に水田裏作として播種すると、豊富な根圏で物理性の改善を目的に土づくりができます(写真67-2)。播種に耕起や覆土が必要なく、散播のみで発芽するので、気軽さも好評です。播種量は定着率が50%のため、倍量の4kg/10aになります。前後、10月中にイネの立毛中に播種します。施肥はチッソで4kg程度、すき込みは翌年の4月になります。

●炭素率20前後、すき込み乾物量が多い

ハナミワセは播種作業が簡単で、すき込みも多くすき込めます。炭素率が20前後と高く、有機物を多くすき込んでくれ、豊富な根圏で土を耕してくれ、ヘアリーベッチに比べチッソ過多の心配がなく、食味も問題ありません。

ただし、イネには慣行栽培並みに施肥が必要になります。また、すき込み後に有機物の分解でガスが発生するので、イネの移植時には注意します。さらに雑草抑制効果は期待できません。とくに積雪地帯で、ヘアリーベッチの越冬性に不安がある場合にはハナミワセは最適です。

●1〜2割の増収、食味値に影響なし

私たちが宮城県角田市で行なった試験では、サクラワセ(ハナミワセの前の品種)後のイネ

水田裏作にハナミワセ

● 要点BOX ●
❶覆土不要、立毛播種が可能な裏作イタリアンライグラス。物理性改善、有機物補給効果で増収。❷積雪地帯で、ヘアリーベッチの越冬性に不安がある場合は極早生多収のハナミワセが最適。

写真67-1　ハナミワセ

写真67-2　ハナミワセの根

の生育は慣行区と大差がなく、精玄米重は3カ年の平均で114％と極多収、食味もむしろ優れた結果で、東北地方では好評です（表67）。

また茨城県牛久市のある篤農家はハナミワセで乾物収量293kgを確保し、株と根とともに400kgくらいの有機物をすき込みました。この水田のイネは穂数が増え、精玄米重で123％と極多収、食味値も大差がありませんでした。

表67　裏作イタリアンライグラス（ハナミワセ・サクラワセ）後の水稲の収量（雪印種苗）

場所	年	処理区	ハナミワセすき込み量(kg/10a)	水稲の生育		水稲の収量		食味	
				稈長(cm)	穂数[注1](本/株)	精玄米重(kg/10a)	対比(％)	食味値	タンパク質
角田市	1991～93	慣行区		99	24.9	392	100	68.4	9.4
		サクラワセ		97	25.1	446	114	75.1	10.0
牛久市	2007	慣行区	0	91	337[注2]	451	100	81.7	6.1
		ハナミワセ	293	93	397[注2]	553	123	82.0	6.0

注1）角田市の穂数の単位は本/株、牛久市は本/㎡である。
注2）牛久市は茨城大学との共同試験。

2 イネ、転作ダイズ

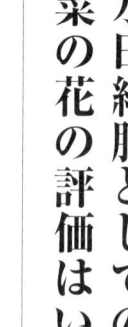

Q68 水田緑肥としての菜の花の評価はいかがですか？

菜の花（キカラシ・シロガラシ）

菜の花は古くからレンゲとともに早春を彩る府県の景観作物で、すき込むと炭素率が20前後で、肥効が期待できます。

現在はキカラシやナタネ、野沢菜など、春先に黄色い花を咲かせるアブラナ科の総称になっています。ここではシロガラシ（キカラシ）の水田緑肥の試験成績を紹介します。

●シロガラシの肥効は遅効性（兵庫県）

兵庫県で行なわれた菜の花緑肥（試験ではシロガラシ）の試験ではまず、生育は地力があり、無機態のチッソ成分が多い圃場ほど、よいことがわかりま

した。後作のイネは、シロガラシ由来のチッソが全吸収量の10〜15％で、シロガラシの肥効が出穂期まで続く緩効性肥料になることがわかりました。また、すき込み量が多いと分げつ数が抑制されますが、着生モミ数には差がなく、精玄米重も品質にも慣行区と差がありませんでした（表68）。

シロガラシの播種期は2月中〜3月上旬、花を期待する場合には前年の10月中旬に行ないます。景観形成と環境負荷低減、化成肥料の代替効果が期待できます。

●すき込み量の適期は開花後20〜40日（大分県）

大分県では菜の花を利用した米づくりが盛んで、グリーンツーリズムの普及と化成肥料の低減が検討されました。

すき込み時期は、開花後20日より40〜50日後が多収です（図68）。シロガラシは排水良好で、

写真68 春先の黄色い花が見事なキカラシ

● 要点 BOX ●
菜の花は生育が早くきれいだが、排水性の悪い圃場は苦手で、根こぶ病の問題がある。排水がよければ短期多収。ただし分解が早く、ヘアリーベッチほど減肥は期待できない。

表68 シロガラシ緑肥を施用したイネの収量成績
(兵庫県、2008)

シロガラシすき込み重 (kg/10a)	慣行区	300	600
精玄米重 (kg/10a)	573	578	575
一穂粒数 (粒/穂)	85	86	101
着生籾数 (千粒/m²)	29.0	30.0	28.5
登熟歩合 (%)	83	91	87
千粒重 (g)	23.2	22.5	22.4
タンパク質含量 (%)	5.7	5.5	5.6

注)慣行区はチッソ4kg/10aを施用した。

> 菜の花緑肥後にイネを栽培すると、慣行区並みの収量が得られるものの、ヘアリーベッチほどの肥効はなさそう

地力がある圃場では3t/10aの生収量が期待でき、チッソのすき込み量は6～8kgになります。この30～50%のチッソ減肥が可能です。また、菜の花のすき込みが生育初期のイネに悪影響を与えることはなく、玄米タンパク含有率も6.3～6.7%で、品質への影響はほとんどありませんでした。

菜の花の緑肥としての肥効はヘアリーベッチより遅く、チッソ供給量も半分程度です。とくにやせた圃場ではチッソ5kgは必要です。また、排水不良地では湿害防除として5～6mおきに1本溝切りを行ないます。

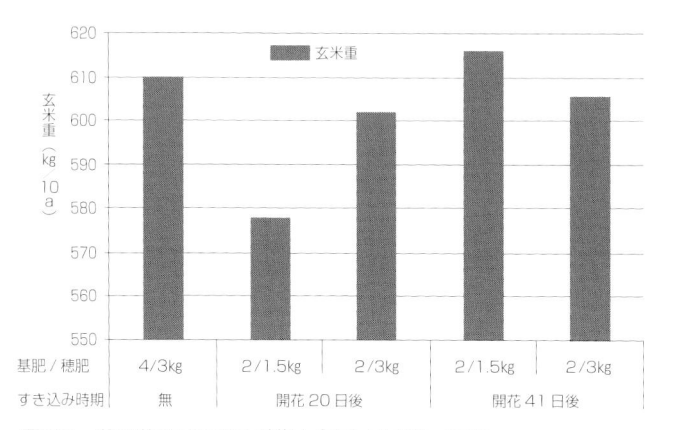

図68 菜の花のすき込み時期と収量 (大分県、2003)

基肥/穂肥: 4/3kg | 2/1.5kg | 2/3kg | 2/1.5kg | 2/3kg
すき込み時期: 無 | 開花20日後 | 開花41日後

149　Part3　対象作物別緑肥の選び方と活用のポイント

2 イネ、転作ダイズ

Q69 転作ダイズでの緑肥効果（富山県）

転換畑でダイズを栽培しています。最近は収量も上がらないうえにちりめんじわが発生し、品質も悪くなっています。緑肥作物で解決できませんか？

●ダイズ連作による地力減耗

田畑輪換によるダイズの長期栽培で生産力が低下する問題を、土壌肥沃度との関係で調べた富山県の調査があります。それによると、ダイズの作付け回数が2回以上になると、肥効を示す土壌中のアンモニア化成率が明らかに低くなっていました（図69‐1）。有機物の不足からアンモニア態チッソの発現が少なくなり、チッソの供給不足によりダイズが低収になっていました。

●ヘアリーベッチ緑肥でチッソを供給、増収に

ダイズの前にヘアリーベッチを栽培し、すき込むと良質なダイズが生産できます。ヘアリーベッチ由来のチッソ吸収量は1.6kg／10a程度で、根粒活性が低いダイズ初期の生育では必要量の40％程度です。この値はヘアリーベッチ全体の供給量が7～10kgであることを考えるとかなり少ないですが、残りは蓄積され地力増進につながっていると考えられます。

ポット試験でヘアリーベッチの肥効をエンバクと比較しました。ヘアリーベッチのチッソはすき込んで1カ月後の6月30日までに70～80％が無機化し（利用され）、化成肥料施用の無処理区やエンバク区を明らかに上回っています（図69‐2）。

後作ダイズの収量は3カ年の平均値で、無処理区対比でヘアリーベッチ142％、エンバク122％と極多収となり、有意差が認められました。圃場試験でもアリーベッチのすき込み効果が認められています。これを受け、富山県ではヘアリーベッチの栽培が2010年で24haと広がっています。

●株の老化防止でしわ粒も減る

またダイズの生産振興で問題になっているしわ粒の発生が、チッソ供給不足によるものではないかと考え、ヘアリーベッチすき込みによる対策を検討しました。その結果、対照区の化成肥料栽培に比べ明

● 要点BOX ●
ヘアリーベッチを栽培、すき込むとちりめんじわもなくなり、良質なダイズが生産できる。

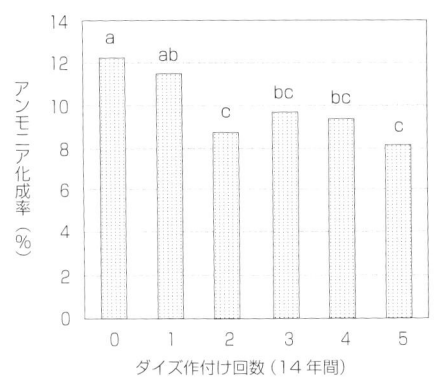

図69-1 ダイズの作付け回数とアンモニア化成率（廣川、2007）
注）アンモニア化成率＝風乾土30℃4Wチッソ量／全チッソ量×100
異符号間に5%水準で有意差あり（Tukey-Kramer法）

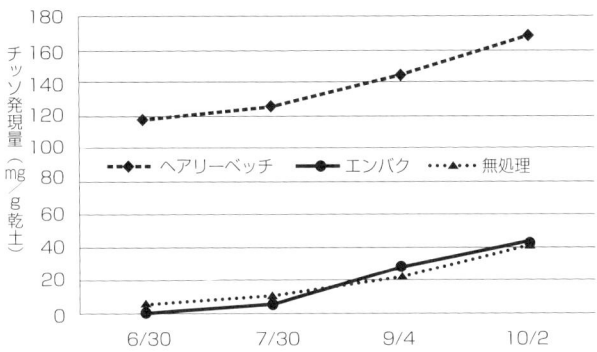

図69-2 緑肥すき込みと土壌チッソ無機化量（廣川、2011）
注）10/2の無機化率はヘアリーベッチ85%、エンバク30%であった。

らかに増収し、ちりめんじわの発生率も低下し、ダイズ収量も129％とごく多収になっています（表69）。ヘアリーベッチすき込みにより開花期から最大繁茂期にかけてのチッソ吸収量が大きく増加し、生育後期まで葉数が多く残ったことで、株の老化の進行が遅くなったためと考えられました。

なお本試験は、中粗粒灰色低地土壌で行なわれたものであること、ダイズの適期収穫に努め、ヘアリーベッチは10月上旬までに播種し、播種量は4kg/10a、排水対策を行ない、すき込みはロータリで2回行なうと、注意点がまとめられています。

表69 ヘアリーベッチすき込みによる収量、しわ粒率の変化（富山県農試、2006）

年	処理	元肥 (kg/10a)	ヘアリーベッチ すき込み量 (t/10a)	ダイズ 乾物収量 (kg/10a)	対比 (%)	ダイズしわ粒率 全体 (%)	ちりめん (%)	亀甲 (%)
2005	ヘアリーベッチ	0	1.2	427	108	23.6	20.9	4.6
2005	対照区	2	0	397	100	33.5	30.6	5.4
2006	ヘアリーベッチ	0	2.7	296**	129	37.9	28.7*	14.0
2006	対照区	2	0	229**	100	43.2	38.2*	10.0

注）**：1％水準、*：5％水準で有意差あり

ダイズは連作すると肥料不足になり、低収でちりめんじわが生じる。ヘアリーベッチはこの問題を解決

Q70 ヘアリーベッチでダイズのリン酸減肥はできませんか？

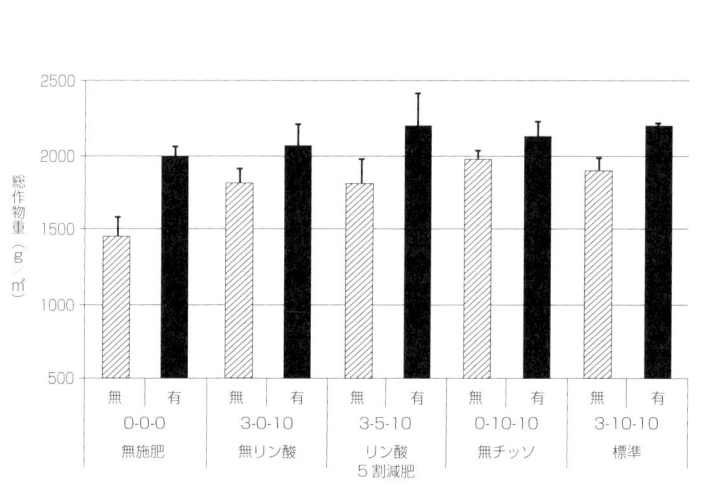

転作ダイズでの緑肥効果（千葉県）

●リン酸減肥は可能

私たちが行なった千葉市での成績を紹介します。

ヘアリーベッチ4tを圃場外からもち込んで春にすき込み（圃場の有効態リン酸11mg／100g）、ベッチすき込みの有無と施肥レベルを変えてダイズ（エダマメ）を栽培し、総収量を比較しました。

ヘアリーベッチを導入したリン酸無施肥区、リン酸5割減肥区、無施肥区ではいずれもベッチなしの標準施肥区より多収で、ベッチによるリン酸減肥が可能であることがわかりました（図70-1）。ベッチすき込みの有無を総平均で比較すると、すき込み区のエダマメ総重は無栽培区の122％と極多収、草丈が平均で6cm高く、生育旺盛となりました（写真70）。

秋田県大潟村の成績でも土壌の乾燥化が進み、主茎長が15cmも長く、莢数が25も多くなっています。その結果、慣行区対比で142％と極多収となっています。

●ダイズ子実収量も多収に

翌年は佐倉市の農家でヘアリーベッチ「まめ助」

図70-1　ヘアリーベッチ栽培後のエダマメ総作物重（雪印種苗、2013）

縦軸：総作物量（g/m²）

横軸：
- 無／有　0-0-0　無施肥
- 無／有　3-0-10　無リン酸
- 無／有　3-5-10　リン酸5割減肥
- 無／有　0-10-10　無チッソ
- 無／有　3-10-10　標準

要点BOX
ヘアリーベッチはリン酸含量が多く、菌根菌もマメ科作物同士で有効に使われる。ヘアリーベッチ緑肥によるリン酸減肥は可能。

写真70 ヘアリーベッチ後のダイズ（エダマメ）の生育
（左：ヘアリーベッチ後、右：化成肥料栽培区）

を6月24日に播種し、その後7月19日にダイズの収量調査をしました。主茎長はヘアリーベッチすき込みの標準施肥区がもっとも高く、子実収量は同無施肥区が慣行施肥区比で108％と、ヘアリーベッチすき込み区がいずれも多収になっています。百粒重も若干多く、無肥料栽培が可能でした（図70‐2）。

●シストセンチュウの低減も期待できる

ヘアリーベッチとダイズの組み合わせは、ダイズシストセンチュウの低減が期待でき、ネグサレセンチュウが多くない圃場では相性がよい気がします。

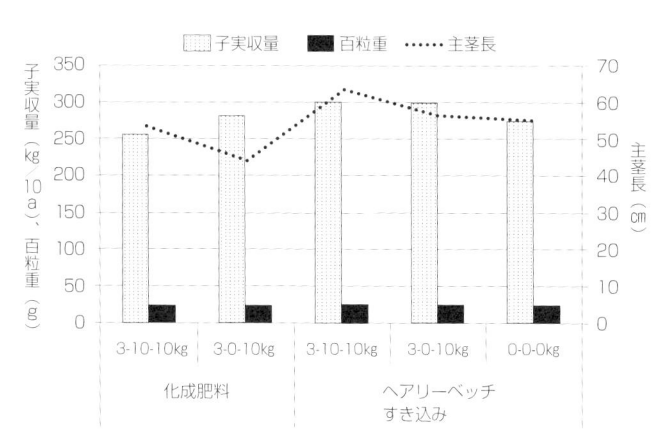

ダイズの播種が6月の場合は、暖地由来のヘアリーベッチを3月播種し、5月なら前年の10月に寒地系の品種を播種します。ヘアリーベッチは水はけのよさを好むため、必ず排水路を掘って栽培します。

図70‐2 ヘアリーベッチ後ダイズの子実収量・百粒重と生育の違い
（雪印種苗、2014）

153　Part3　対象作物別緑肥の選び方と活用のポイント

3 園芸作物・施設野菜

Q71 ハウスでの野菜づくり、チッソだけでなくリン酸もクリーニングクロップで減らせないかと思うのですが……

塩類除去と減肥効果（クリーニングクロップ）

● 「ねまへらそう」で過剰塩類除去

クリーニングクロップにはハウスの過剰塩類除去のため、古くからソルゴー類が利用されています。

このクリーニングクロップで吸い出した肥料成分を堆肥の原料や別の圃場にすき込んだら、どのくらいの肥効と肥料代の節約ができるかを検討しました。

温室に有効態リン酸で338mg／100gの土壌を過リン酸石灰の施用でつくり、ここに7月9日に極晩生のスーダングラス「ねまへらそう」を栽培しました（写真71）。ねまへらそうの生収量は4.9t、アンモニア態チッソは当初の1％レベルまで減少し、10a当たりチッソ14.0kg、リン酸1.5kg、カリ36.3kgの肥料成分を吸い出しました（図71-1）。

● 肥効ではリン酸3kg分以上、大きい経済効果

ねまへらそうは極晩生で出穂しないので、肥効が期待できる有機物（炭素率13.1）を得られました。こ

の有機物4tを8月20日に別のポットの土壌（有効態リン酸0mg／100g）にすき込み、リン酸で5段階の差をつけ施肥し、後作のコマツナを9月21日に播種、10月28日にその収量を調査しました。

結果は、すき込み土壌でリン酸施肥が6kg／10a（12・6・12）以上の区は、慣行栽培の最多収区（12・9・12）の生重を上回り、リン酸で3～6kgの減肥が可能となりました。すき込み土壌区は総平均で、慣行区対比163％もの極多収を示しています（図71-2）。

この試験でねまへらそうが吸収、すき込んだリン酸は1.5kgですが、肥効では3kg以上の効果が得られています。この肥料成分を化学肥料（単肥）の購入金額に直すと1万3400円にもなりました。

要点BOX

❶スーダングラス「ねまへらそう」で過剰塩類を除去し、飽和度を下げればハウス土壌は若返る。❷リン酸他成分の吸い出し・すき込みで、肥料代節約、収益を改善し、環境に優しい農業を。

●クリーニングクロップの残渣すき込みは肥効が抜群

このように、クリーニングクロップを別の圃場にすき込むと、無栽培の化成肥料標準区（12kg）の5割以上の多収が得られ、施肥するリン酸は半量の3〜6kgでよいことがわかりました。ハウスに過剰蓄積された塩類を除去し、肥料代を節約でき、コマツナの収量が5割増しの経済効果を期待できます。

写真71　線虫対抗とクリーニングクロップに最適な「ねまへらそう」（スーダングラス）

図71-1　ねまへらそうの塩類除去効果（雪印種苗、2014）

> 刈り出したクリーニングクロップの処理はやっかいなもの。今回は出穂しないスーダングラス（炭素率が低い）を使って、直接すき込みによる肥効を検討。結果はご覧のとおり貴重な自給肥料＋後作多収で、一石二鳥でした！

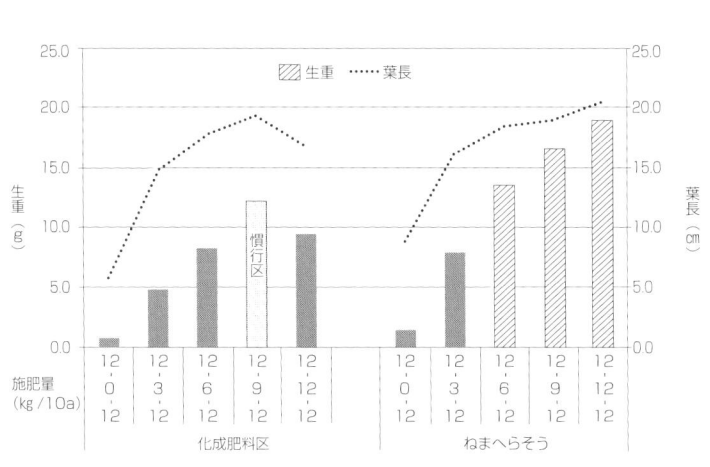

図71-2　ねまへらそうすき込み後のコマツナ収量（雪印種苗、2014）

155　Part3　対象作物別緑肥の選び方と活用のポイント

3 園芸作物・施設野菜

Q72 緑肥ヘイオーツ（エンバク野生種）の効果的な栽培方法を教えてください

●播種量は多めに密播し、硫安1袋を施用

キタネグサレセンチュウを減らすには、一面に雑草がない、生育旺盛な緑肥ヘイオーツの圃場が求められます。雑草が生えると線虫がその根に逃げ込み、根張りが悪いと線虫をつかむ根量が不足し、効率が落ちます。そのため、播種量は多めの15kg/10a、散粒機やブロードキャスタで播種します。肥料は処女地や畑作地帯では硫安で1袋程度（チッソで4kg）が必要になります。播種後は必ず、軽い表層ロータリで種子を覆土・鎮圧します。

●栽培期間は春60〜70日、夏50〜60日が目安

北海道で行なった試験では、春播きで栽培期間50日だと乾物収量は約200kg、60日で400kg弱、70日で500kgになっています。各々の播種期にダイコンを播種してその被害を調べたところ、播種50日後では商品化率80％弱、60日を過ぎると100％となっています。線虫対策には栽培期間60日が必要で、出穂期前後のすき込みの適期になります（図72-1）。

夏播きでも同様の試験を行ないました。夏播きの収量は栽培期間40日で200kg、50日で300kg、60日で500kgと、春播きより多収で、北海道では60日で未出穂です。その分、線虫抑制効果も大きく、40日…30kg栽培で80％の商品化率が得られ、50日以降で100％となっています（図72-2）。夏播きでは50日あれば問題なく線虫を抑制できるので、北海道の播種期も8月下旬までは大丈夫と判断されました。

●府県では出穂後にすき込み、よく腐熟させる

府県でのすき込みは越冬栽培を除いて、2カ月後を目安（出穂期）に行ないます。フレルモアで細断し、プラウですき込み、ロータリで整地するのが理想です。フレルモアやプラウがない場合、ロータリですき込み、腐熟期間を1カ月取り、1週間おきに1回ロータリ耕をします。府県でのすき込みは出穂した有機物になりますので、硫安や石灰チッソを1袋程度、または

すき込みの適期になります（図72-1）。

要点BOX
緑肥ヘイオーツの線虫対策では雑草除去がない十分な株密度と生育がポイント。すき込みは、北海道の春播きでは栽培期間60日、夏播きでは50日で、府県は出穂後に。堆厩肥とのすき込みで一層の効果。

緑肥ヘイオーツの効果的な栽培方法（北海道・府県）

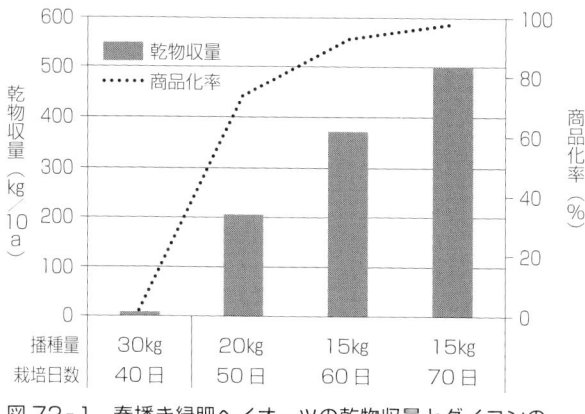

図72-1 春播き緑肥ヘイオーツの乾物収量とダイコンの商品化率の推移（雪印種苗、長沼町）

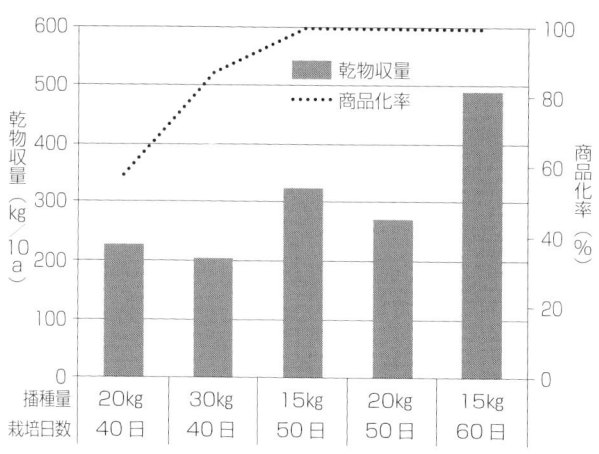

図72-2 夏播き緑肥ヘイオーツの乾物収量とダイコンの商品化率の推移（雪印種苗、長沼町）

表72 エンバク野生種・市販品種の能力の違い（北広島市）

品種	ポット線虫推移(%)	生育と収量			ダイコンの被害(%)
		生収量(kg/10a)	倒伏(%)	線虫推移	
緑肥ヘイオーツ	1.4	4900	40	38	36.3
品種A	6.8	5325	70	78	46.3
品種B	4.1	4250	35	55	50.0
品種C	5.4				
品種D	9.5				
裸地	127.0				

堆厩肥との施用が腐熟を促進し、肥効と多収を期待できます。分解が未熟だと後作ダイコンに枝根が発生するので、注意してください。

府県ですき込みに問題がある場合、秋播きなら冬期間に枯死させてすき込んでもよし、5月播きならライムギ「R-007」に代えてマルチ栽培に利用し、枯死後にすき込むこともよいかと思われます。

なお、同じエンバク野生種でも品種や生産地によって、その線虫抑制能力は異なります。狙いとする効果を得るにはそれぞれの抑制効果を種苗会社に確認し、品種を選択するのが大切です（表72）。

3 園芸作物・施設野菜

Q73 積雪地帯で、キタネグサレセンチュウを減らす緑肥はありますか？

府県のダイコンの線虫対策（越冬緑肥）

●お勧めはライムギ「R-007」の越冬利用

ライムギは唯一越冬できるムギ類で、府県では11月まで播種が可能です。エンバクに比べ根量が多く、北海道のタマネギ収穫後作緑肥として着目されました。北海道ではタマネギ収穫後の10月に播種して、年内にすき込みますが（栽培期間50日前後）、「緑肥ヘイオーツ」に比べ、根量が3倍以上も多く、表73は美幌町のタマネギ畑での成績ですが、ライムギ導入により土壌の孔隙率が若干増え、タマネギ収量で114％と増収し、とくにL大規格の比率が約20％増えています。

このライムギの中でキタネグサレセンチュウを唯一減らすのが「R-007」です。緑肥ヘイオーツより遅く播種でき、ホウレンソウやコマツナを収穫した後の表土の流亡防止を兼ねて利用されています。春播きの緑肥ヘイオーツより早く、6月播きのダイコンにつなげられます。R-007の根の中の卵の数は明らかに少なく、

土壌中の線虫密度は低く、緑肥ヘイオーツに準じていることがわかり、対抗作物として選ばれました（図73-1）。

群馬県ではR-007の線虫抑制効果を緑肥ヘイオーツと比較したところ、両者に差はありませんでした（図73-2）。しかし一般のライムギは線虫を増やすので注意してください。

以上まとめると、R-007は緑肥ヘイオーツに比べ、線虫抑制効果は若干劣りますが、播種が遅れても翌春すき込みで利用できる、積雪地帯でも越冬が可能で、北海道では6月播きのダイコンにつなげられる、アブラナ科の病害に罹病せず、線虫を抑制する（長野県）、根量が緑肥ヘイオーツより多い、関東地方で5月に播種する草生栽培としても使える、などの利点があります。

バーティリウム病の抑制効果は未確認ですが、緑肥ヘイオーツと同じく期待できます。

●要点BOX●
キタネグサレセンチュウ対策にはライムギの越冬利用が最適。「R-007」は緑肥ヘイオーツより根量が3倍も多く、播種期が遅れても問題がない。

表73 ライムギ「キタミノリ」後作におけるタマネギの成績（美幌町、2001）

試験区	土壌の変化	後作タマネギの収量						
	孔隙率	規格（kg/10a）				合計収量		L大比率 (%)
		2L	L大	L	M	規格内 (kg/10a)	比 (%)	
キタミノリ	48.7	1288	3939	1091	88	6406	114	76
慣行区	47.9	333	3121	2000	85	5630	100	57

キタネグサレセンチュウの根中の卵率の比較
（2カ月栽培）

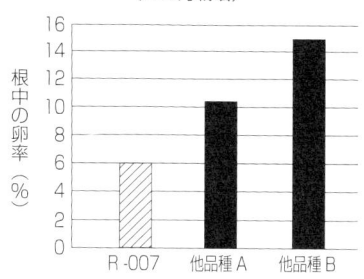

（雪印種苗、2009）

R-007栽培後のキタネグサレセンチュウの減少率

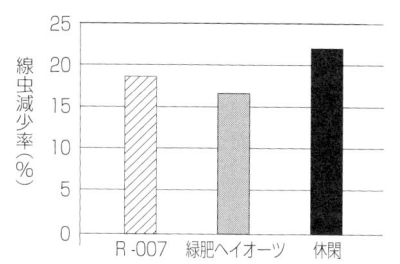

温室にて、「R-007」は42日間、「緑肥ヘイオーツ」は61日間栽培。栽培期間中の気温は、15.8℃（最低）〜41.2℃（最高）
（雪印種苗、2013）

> R-007は根の中の線虫の卵率が明らかに低く、線虫を抑制（左グラフ）、線虫抑制効果も緑肥ヘイオーツに準じている（右グラフ）

図73-1 ライムギ（R-007）のキタネグサレセンチュウ抑制効果

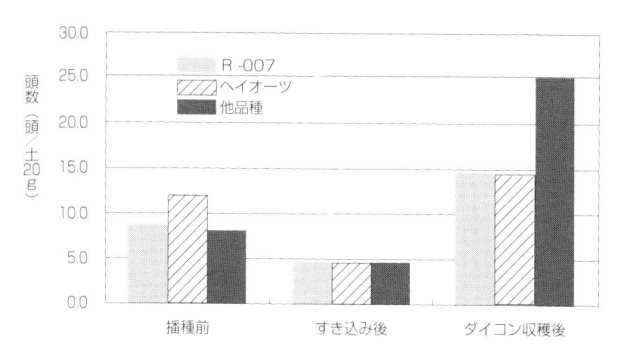

図73-2 ライムギ「R-007」栽培によるキタネグサレセンチュウ密度の推移（群馬県、2007〜08）

注）群馬県農業技術センター中山間地園芸センターで実施。

3 園芸作物・施設野菜

Q74 ハウスでトマトとキュウリを栽培していますが、サツマイモネコブセンチュウで困っています。この線虫を抑えられる緑肥作物はありませんか？

トマト・キュウリの線虫対策（ハウス）

● 対象線虫やレースの確認が必要

府県のハウスではトマトの促成栽培の後に抑制栽培のキュウリをつくる作型をよく見かけます。この作型ではサツマイモネコブセンチュウを減らす遺伝子を導入したトマトで線虫を減らし、キュウリにつなげることがポイントでした。しかし、この遺伝子の抵抗性を打破する線虫が農薬の多投や連作で現われてきており、必ずしも確実な方法といえなくなってきています。

この対策に有効なのが線虫対抗作物との併用です。サツマイモネコブセンチュウには9種類ものレースが報告され（九沖農研）、「ねまへらそう」「スーダングラス」がレースSP1に、「ネマキング」（クロタラリア）がレースSP4に感受性であることがわかりました（37ページ表13参照）。SP4は沖縄で多発、九州でのレースSP1は佐賀、長崎、熊本県で多く、ネマキングは効果があります。また、SP1はネ

ここでの栽培は勧められませんが、宮崎、鹿児島、沖縄県のレースには、ねまへらそうは効果があります。

府県の主なネコブセンチュウはサツマイモ、アレナリア、ナンヨウネコブ、ジャワネコブですが、これらすべてに効果が認められたのは「ソイルクリーン」「つちたろう」（ナツカゼ）（以上ギニアグラス）と「つちたろう」（ソルゴー）のみです。

● 扱いやすいのはつちたろうとソイルクリーン

ソイルクリーンとつちたろうがすべてのネコブセンチュウに対応できるので、この2品種について行なったポット試験の結果を紹介します（図74）。

対抗作物の栽培日数は40日と80日に設定しました。40日目での対抗作物への寄生線虫数の抑制効果は、ソイルクリーンが優れていますが、つちたろうのまだ若干の寄生が認められます。つちたろうの

要点BOX
サツマイモネコブセンチュウ対策には、対象線虫のレースの確認が必要。つちたろう、ソイルクリーン、ナツカゼはサツマイモネコブセンチュウのどのレースにも効果があり、お勧め。

寄生率はそれより高いものの、後作トマトに被害は認められませんでした。80日栽培ではソイルクリーン、つちたろうともに被害は皆無でした。

以上のとおり、これら対抗作物の60日栽培でネコブセンチュウ対策を行ない、併せて塩類が過剰な場合（飽和度が100を超える）にはクリーニングクロップとして刈り出し、有機物が少ない場合（CECが20以下を目安）にはすき込み利用を検討してください。

なお、土づくりの場合には20～30日程度の腐熟期間を余計に考えてください。ハウスのソルゴーは8月まで播けるので、収穫順に導入されてはと思います。ギニアグラスもハウスの中では雑草もなく、扱いやすく、ネグサレセンチュウも防除できるのがポイントです。

「つちたろう」と「ソイルクリーン」によるサツマイモネコブセンチュウの抑制に必要な栽培日数は60日

////// 40日 トマトの被害　　■ 80日 トマトの被害
……… 40日 寄生線虫数　　…… 80日 線虫密度

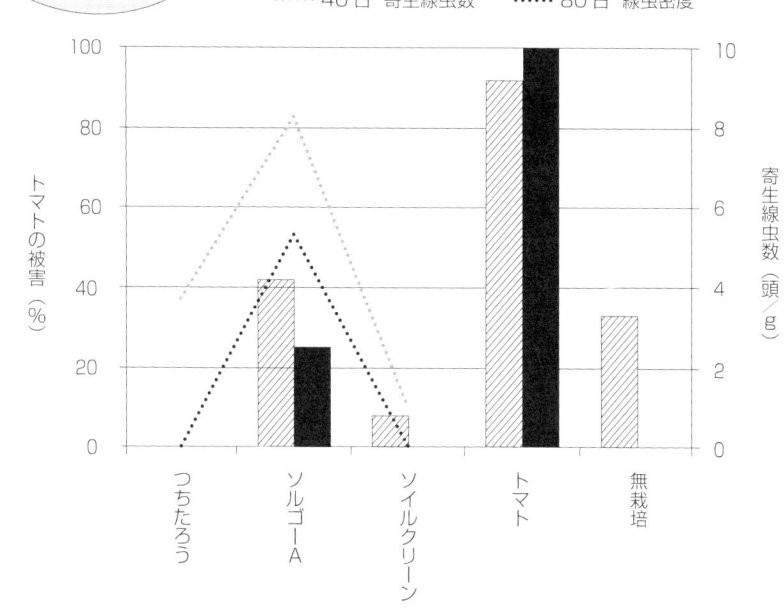

図74　対抗作物栽培後のトマトのサツマイモネコブセンチュウ被害程度（北島、1992）

3 園芸作物・施設野菜

Q75 サツマイモネコブセンチュウの被害で露地のサツマイモの減収がひどく、農薬で対応しています。緑肥で何とかなりませんか？

サツマイモの線虫対策（露地休閑）

●ソルゴーかギニアグラスか

千葉県では青果用サツマイモのネコブセンチュウ対策に、ソルゴー「つちたろう」（45ページ写真17）と「ナツカゼ」の導入効果を比較しています。両対抗作物は2009年6月18日に畝間60cmで条播され、8月18日に1番草を、9月24日に2番草を刈り払い、ロータリですき込みました。サツマイモは慣行のマルチ栽培です。品種は2010年が「ベニアズマ」、2011年は線虫抵抗性の「べにはるか」を使いました。

対抗作物の生収量はつちたろうで8t弱/10a、ギニアグラス（ナツカゼ、ソイルクリーン）で5t強でした。2009年にはネコブセンチュウが深さ60cmまで確認されていましたが、対抗作物区は有機物の分解により自活線虫が増え、ネコブセンチュウは4～21頭に減少しました。しかし連作（農薬無）

区は100頭でした。

その結果、2010年の後作サツマイモ「ベニアズマ」の被害は、ソイルクリーン区が1％、つちたろうとナツカゼ区が10％と、連作・農薬有区の78％より明らかに優れています（表75）。

サツマイモの収量は連作・農薬有と比べ、対抗作物跡地はいずれも増収しています。とくに、つちたろう後は2010年のベニアズマで125％、2011年のべにはるかでは112％と最多収で、すき込み量が多い作物ほど多収になっています（44ページQ17参照）。

●つちたろうは雑草化せずに乾物多収、扱いやすい

しかし、ギニアグラスは単為生殖のため、すき込みが遅れると結実し、西南暖地で飼料用として導入された圃場の外周で雑草化する

要点BOX
サツマイモの線虫対策にはつちたろう（ソルゴー）、ソイルクリーン、ナツカゼ（ギニアグラス）の休閑利用が多収と防除で好結果（千葉県）。扱いやすさではつちたろう、パワーではソイルクリーンに軍配。

ため、結実前のすき込みがポイントです。それに対しつちたろうは、

① ソルゴーの中でもっとも極晩生で、ギニアグラスに比べ、結実し雑草化する問題が少ないこと
② 乾物多収であること、有機物としてみると炭素率が低く、肥効が期待できること
③ 種子が大きく扱いやすいこと
④ さらに発芽が早く、雑草対策に除草剤ゴーゴーサンを使える点

などの優位点が多い対抗作物です。
一方、ソイルクリーンはキタネグサレセンチュウの被害を軽減でき、効果も「つちたろう」よりは上回っている利点があります。きれいなスタンド確保と、雑草防止に気を付けてください（早めにすき込む）。

表75 対抗作物導入後のサツマイモの収量と品質 （千吉良ら、2013を一部改変）

品種	サツマイモ	農薬	収量 (kg/10a)	対比 (%)	A品率 (%)	線虫 被害率 (%)	イモ重 (g/個)	イモ数 (個/株)
2010年(5/26→10/14)								
つちたろう	ベニアズマ	無	4635	125	29	10	306	4.6
ソイルクリーン	ベニアズマ	無	4505	121	39	1	322	4.2
ナツカゼ	ベニアズマ	無	4436	119	32	10	317	4.2
ベニアズマ連作	ベニアズマ	無	3832	103	0	77	434	2.7
ベニアズマ連作	ベニアズマ	有	3712	100	0	78	301	3.7
2011年(6/2→10/14)								
つちたろう	べにはるか	無	4595	112	53	0	263	5.3
ソイルクリーン	べにはるか	無	4150	101	48	2	226	5.6
ナツカゼ	べにはるか	無	3978	97	52	0	204	5.9
ベニアズマ連作	ベニアズマ	無	4053	114	0	71	352	3.5
ベニアズマ連作	ベニアズマ	有	3558	100	1	85	270	4.0

注）「べにはるか」はサツマイモネコブセンチュウ抵抗性の品種。

つちたろうの休閑緑肥で、後作サツマイモが慣行区より1～2割多収になった

3 園芸作物・施設野菜

Q76 飼料用トウモロコシにもサツマイモネコブセンチュウの被害が出ます。被害に遭うと稈長が低く、実入りが悪く、低収です。何かよい対策はありませんか？

●サツマイモネコブセンチュウ対抗エンバク新品種

飼料用エンバクは、トウモロコシ後に9月上～下旬に播種し、サイレージ用として利用されています。トウモロコシは本来6～7t/10a収穫できますが、実際には5～6tの方が少なくありません。原因は排水不良や肥料不足、連作に加え、サツマイモネコブセンチュウによる見えない被害があります（33ページ表11参照）。

この対策として、九沖農研センターと共同開発したエンバク新品種が「スナイパー（A19）」です。エンバクでは「たちいぶき」がネコブセンチュウを減らすことが確認されていましたが倒伏に弱く、サイレージ用としては晩生で遅い（水っぽい）弱点がありました。

この欠点を改善し、エサ用でも線虫対抗作物でも利用できる極早生種としてスナイパーが開発されました。

写真76 サツマイモネコブセンチュウ対抗エンバク「スナイパー」（左）と倒伏した極早生種（右）

- ● 要点BOX ●
エサ用でも線虫対抗作物でも利用できる極早生エンバク「スナイパー」が最適。本品種をサイレージ用として利用すると、トウモロコシの収量も1割改善され、耕畜連携につながる。

飼料用トウモロコシの線虫対策（夏播き）

●極早生、耐倒伏性、線虫防除に優れる

スナイパーの出穂は、従来の極早生エンバクより9月上旬播種で6日、下旬播種で9日も早く、播種が遅れたときに能力を発揮します。また耐倒伏性がとくに優れ(写真76)、葉枯病抵抗性に優れています(表76)。収量性は9月上旬播種で「たちいぶき」対比96%、極早生エンバクと大差なく、下旬では乾物率が高いため、112%と極多収となっています。

汚染圃場を使い、スナイパーで線虫を減らし、トウモロコシの収量改善を検討した結果、従来のエンバクでは後作のトウモロコシは稈長が低くなり、雌穂が減収、全重で農薬防除区に対し1割の減収、ところがスナイパー後では防除区と大差なく、線虫被害が少なく、多収になった結果が得られています。

●被害が出てから対応できる

サツマイモネコブセンチュウの対抗作物は暖地型作物が多く、播種期が6〜7月と限られていました。エンバクはムギ類の中でも暑さに強く、9月には播種できる作物です。被害が出た作物が放置されているのをときどき見かけますが、まずはビニールを剥いで、スナイパーを播種、日頃から対策をとられてはいかがでしょうか? ポイントは播種を9月中にして、線虫の活動が鈍い冬にかけてのすき込みかサイレージ利用で、かなりの抑制効果を期待できます。従来の「たちいぶき」に比べて、極早生で耐倒伏性に優れ、地上部をサイレージとして飼料用にも使えます。

> スナイパーは従来の極早生種より1週間早く、とくに9月下旬で多収。耐倒伏性、耐病性に優れる

表76 夏播き栽培におけるスナイパーの特性と収量 (九沖農研・雪印種苗、2009-10年の各地の平均値)

品種	出穂日数(日)	草丈(cm)	乾物収量(kg/10a)	比(%)	倒伏程度	葉枯病	冠さび病
(9月上旬播種)							
スナイパー	47	122	730	96	2.4	2.2	1.2
たちいぶき	65	120	761	100	3.8	2.0	1.1
飼料用極早生エンバク	53	130	786	103	4.6	1.5	1.3
(9月下旬播種)							
スナイパー	53	112	651	112	2.6	1.5	1.0
たちいぶき	82	101	592	100	3.5	2.1	1.0
飼料用極早生エンバク	62	114	596	114	3.3	3.0	1.2

注) 倒伏程度、葉枯病、冠サビ病の数値は、無1〜甚9である。

Q77 リビングマルチの導入方法を教えてください

●早期に全面播種、後から畝立

多くの試験がヘアリーベッチを4月頃に播種していますが、もう少し早く播種できるのではと考えています。圃場計画が決まっていれば前年の10月や、暖地では3月播種が可能です。全面に播種し、ロータリで5cm程度覆土、できれば鎮圧をします。その後、5～6月に定植部分をロータリで耕起し、ベッドを張り、苗を移植します。このようにヘアリーベッチを早く播種すれば、一面に敷きワラを兼ねたリビングマルチ圃場ができ、その一部をすき込んで、苗を定植することができます。

その際、ヘアリーベッチを1m四方で坪刈りし、生収量が2kgなら10a収量は2t（チッソで8kg）、3kgなら3t（チッソで12kg）、4kgなら4t（チッソで16kg前後）がベッドにすき込まれることになるとみて、その半分程度の減肥を考えてください。早春の元肥は化成肥料で対応しないと難しいですが、夏まではすき込んだチッソの半分以上は無機化し、肥効となります。カリも多い圃場が多く、無施肥栽培も可能です。

目安として、チッソは慣行施肥の半分とリン酸のみの検討が可能です。

●雑草抑制効果が期待、畦間播種

畦間に播種したヘアリーベッチは、すき込むと肥料成分が期待できるとともに、雑草抑制が可能になります。放置して枯死させると、キャベツなどではモンシロチョウの幼虫の防除やカボチャの病害防除に使えます。放置する場合、とくに晩生の品種（「寒太郎」など）なら長期のリビングマルチも可能です。

●防風対策後は敷きワラ代わりに――とちゆたかの畝間緑肥

一方、耐倒伏性に優れたエンバクの「とちゆたか」は北海道でカボチャの畦間に防風効果を期待して作付けした様子です。春先にとちゆたかを播

●要点BOX●
リビングマルチは、まず全面にムギ類やヘアリーベッチを播種、ベッド部分にマルチを張り、園芸作物を移植。リビングマルチ利用なら病害虫抑制も期待できる（写真77）。

リビングマルチの導入方法

写真77-1 エンバク「とちゆたか」をカボチャの防風作物として利用

写真77-2 オクラにオオムギ「てまいらず」をリビングマルチ栽培
（カネコ種苗提供）

種、ベッドの部分をロータリでつぶして、カボチャを定植します。その後、ツルが伸びてきてから、畝間をロータリで耕起するか、茎葉をカボチャの敷きワラとして利用します。

カネコ種苗では「マルチムギ」に続き、「てまいらず」を開発、リビングマルチ専用品種として普及されています。写真77-2はオクラの畦間に播いてまいらずで、雑草抑制効果が期待できます。

3 園芸作物・施設野菜

Q78 トマト栽培でマメ科緑肥作物（ヘアリーベッチ、シロクローバ）を表面施用すると収量が増加し、施肥作業も省力になったという話を聞いたことがありますが……

マメ科緑肥作物の表面施用効果（トマト）

● 株元施用の緑肥でも効果がある

 愛媛大学ではガラス温室のトマトの栽培で、ヘアリーベッチ723kg、シロクローバ790kg乾物/㎡をすき込み、株元に1回追肥した区と、慣行の化成肥料で2週間に1回、合計5回（N、P、Kでそれぞれ4.3、4.0、3.0g/㎡）追肥したものと比較しました。
 トマトの生育は順調で、処理間に大差はありませんでしたが、収量は8段までの栽培で、ヘアリーベッチ区144％、シロクローバ区174％と明らかに化成肥料区より多収となりました（図78-1）。
 緑肥のチッソに重チッソをラベリングして追跡したところ、株元の緑肥からのチッソが移行していること、一方で土壌中のEC濃度は化成肥料区が明らかに高く、無機態のチッソがかなり残っていることもわかりました（図78-2）。施肥量は十分でしたが、それが十分に利用されていなかったのかもしれません。
 いずれにしろ、緑肥由来の有機態チッソが土壌中で分解されて利用され、追肥の必要もありませんでした。今後、資源の少ない日本において、自国で確保できる肥料資源（緑肥）を有効に利用することは大切だと思われます。

図78-1　トマトの果実収量（上野、2013）

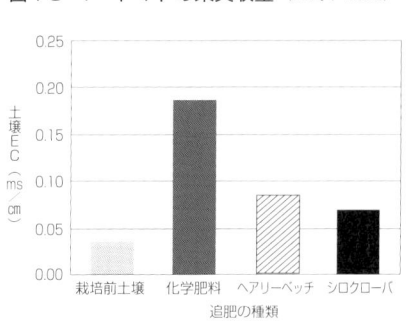

図78-2　トマト栽培土壌の電気伝導度(EC)の違い（上野、2013）

● 要点BOX ●
マメ科緑肥を株元に施用したトマトが慣行栽培より多収に。緑肥由来の有機態チッソが有効利用されている。

Part 4 使いこなし編
緑肥栽培の実際と導入法
――選定・播種・すき込み

Q79 どのようにして最適な緑肥作物を選べばよいですか？

緑肥作物の選定法（府県・北海道）

●府県では？

問題点と対応する緑肥のタイプ、最適な品種の順に説明します。

(1) 緻密な土壌をフカフカにしたい。有機物が不足し、CECが低い地である。処女地または借地である。

↓ 粗大有機物の投入（5月播きはトウモロコシ、6月播きはグリーンソルゴー、つちたろう、ねまへらそう）

(2) 排水性が悪かったり、犂底盤ができている

↓ 深根性のマメ科緑肥（排水が悪い場合は田助、ヘアリーベッチ、水はけがよく、犂底盤が問題の場合には排水改良をしてトウモロコシ）

(3) 根もの野菜でキタネグサレセンチュウの被害が大きい

↓ 線虫対抗作物（春、秋播きは緑肥ヘイオーツ、R-007、マリーゴールド、夏にはねまへらそう、ソイルクリーン、ネマキング）

(4) トマト、キュウリ、ナス、サツマイモなどでサツマイモネコブセンチュウの被害が発生している

↓ 線虫対抗作物（つちたろう、ソイルクリーン、ネマコロリ、ネマキング、ねまへらそう、スナイパー）

(5) エダマメ栽培やダイズでダイズシストセンチュウが心配である

↓ 線虫対抗作物（夏播きはネマキング、早春播種にはくれない）

(6) トマト青枯病、ホウレンソウ萎凋病が発生している

↓ 薫蒸作物（辛神＋還元消毒）

(7) アブラナ科根こぶ病、キャベツのバーティシリウム病、ダイコンバーティシリウム黒点病、ジャガイモそうか病が発生している

↓ 緑肥ヘイオーツ、他に可能性としてねまへらそう、R-007

(8) 水田の土づくりと肥料代を節約したい

↓ 裏作緑肥（減肥はヘアリーベッチ、土づくりはハナミワセ、菜の花、キカラシ）

(9) ナスのアブラムシの被害を何とかしたい

↓バンカープランツ（露地は三尺ソルゴー、ハウスはオオムギ、マルチオオムギ、てまいらずなど）

(10) ドリフトガードクロップや防風作物には三尺ソルゴー、グリーンソルゴー、つちたろう、とちゆたか

(11) キャベツのアブラムシやモンシロチョウの幼虫による食害を減らしたい

↓リビングマルチ（ヘアリーベッチ）

(12) 雑草対策を行ないたい

↓アレロパシーの利用（ヘアリーベッチ）

(13) 果樹園の雑草対策や省力管理を行ないたい

↓草生栽培（ナギナタガヤ、カキにはヘアリーベッチ）

●北海道では？

(1) 休閑利用で土づくりをしたい

↓休閑緑肥（アカクローバ、トウモロコシ）

(2) コムギの土づくりには？

↓短期休閑緑肥（粗大有機物確保にはヒマワリ、コシ、菌根菌を期待するにはヒマワリ、線虫対策には緑肥ヘイオーツかねまへらそう

(3) テンサイの土づくりには？

↓コムギ後作緑肥（根腐病対策で辛神、減肥と収量アップにキカラシやまめ助、土づくりには緑肥ヘイオーツ、緑肥用エンバク、ヒマワリ、緑肥ヘイオーツ、緑肥用エンバク、ヒマワリ（テンサイへの菌根菌の効果はない）

(4) ジャガイモの土づくりには？

↓コムギ後作緑肥（線虫とそうか病対策で緑肥ヘイオーツが黒あざ病防除で辛神）

(5) マメ類の土づくりは？

↓緑肥ヘイオーツ

(6) ダイコン、ニンジン、ゴボウ、ナガイモのキタネグサレ・キタネコブセンチュウ対策には？

↓アズキ落葉病と線虫対策で緑肥ヘイオーツ、菌根菌でヒマワリ、まめ助、ダイズシストセンチュウ対策でくれない

(7) マメ類のダイズシストセンチュウ対策には？

↓緑肥ヘイオーツ、R-007、ねまへらそう

(8) タマネギの土づくりには？

↓くれない

(9) 施設ハウスのサツマイモネコブセンチュウ対策は？

↓R-007

(10) 防風作物やドリフトガードクロップには

↓つちたろう

↓とちゆたか、ねまへらそう、つちたろう

Q80 緑肥作物の作付けにはどのようなパターンがありますか？

緑肥作物の導入方法
—休閑・後作・間作・越冬緑肥

● いつ頃、何カ月空けられるかを考え、品種選定を導入します。

春から秋にかけて緑肥作物を導入するには、栽培に2カ月、腐熟期間に1カ月、合計3カ月の休閑期間が必要になります。ただし、クリーニングクロップは腐熟期間が無用なので2カ月で済み、薫蒸作物をもち込んですき込む場合は栽培期間がないので、薫蒸期間の1カ月のみとなります。裏作や越冬緑肥は10～11月頃から翌年の4月までが栽培期間になります。主作物の栽培期間を見て、いつ頃に、何カ月空けられるかを考えます。夏に空けられる場合には暖地型緑肥を、早春か秋に播けるようであれば、寒地型緑肥

● 主作物の前後や間作させるタイプも

導入の仕方には、主作物の前に播種するタイプを「後作緑肥」と分けています。1年間主作物を休ませる「休閑緑肥」もあります。

	8月	9月	10月	11月	12月
ホウレンソウ、コマツナ					
ダイコン					
ダイコン					
緑肥ヘイオーツ					
R-007					
ダイコン					
トマト抑制栽培					
ちたろう					
制栽培					
ヘアリーベッチ、ハナミワセ					
ナス促成栽培					
ナギナタガヤ、ヘアリーベッチ					
コムギ					
緑肥ヘイオーツ、まめ助、辛神、ヒマワリ					

要点BOX
緑肥の作付けパターンには大きく分けて、短期休閑、休閑、後作、間作、越冬緑肥などがある。

このほか主作物と一緒に生育するタイプに、コムギ畝間にアカクローバを播種する「間作緑肥」、ナスのドリフトガードクロップやヘアリーベッチのリビングマルチ、ナギナタガヤの草生栽培があります。さらに水田の裏作にヘアリーベッチやハナミワセなどを播種する「裏作緑肥」、積雪地帯では越冬性を要求されるので、ライムギをとくに「越冬緑肥」として区別しています。

主な導入方法と主作物との関係を図80に示しました。参考にしてください。

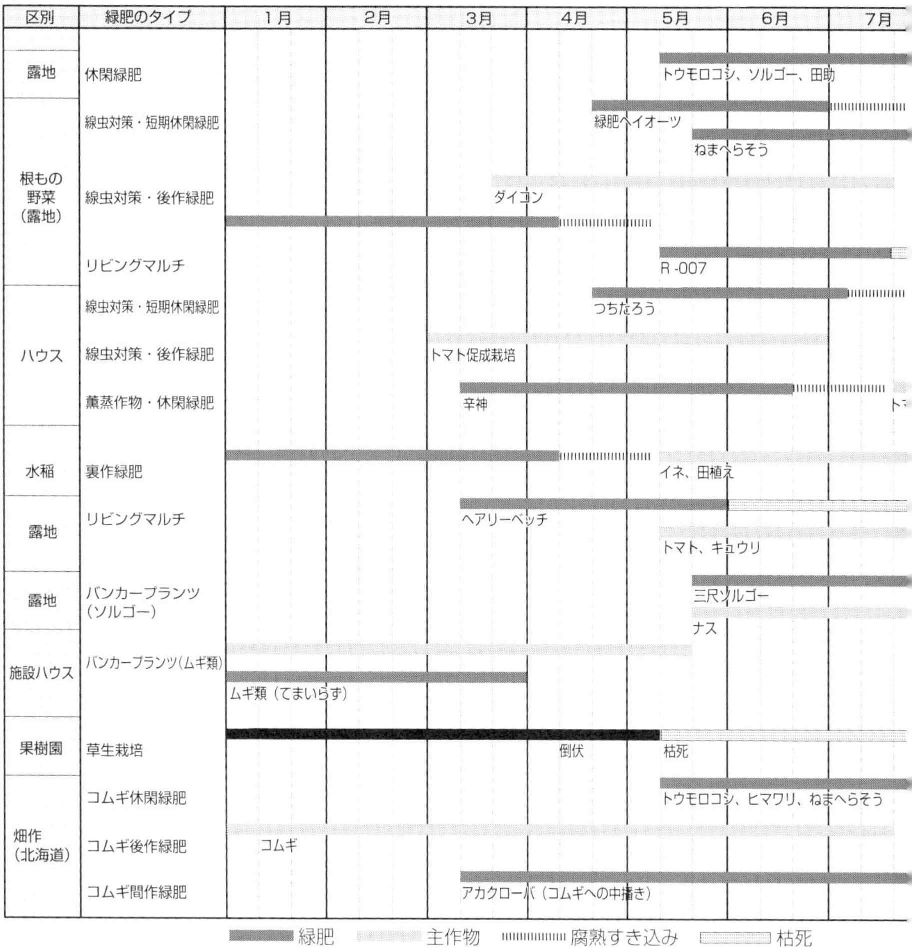

区別	緑肥のタイプ	1月	2月	3月	4月	5月	6月	7月
露地	休閑緑肥					トウモロコシ、ソルゴー、田助		
根もの野菜(露地)	線虫対策・短期休閑緑肥					緑肥ヘイオーツ		
						ねまへらそう		
	線虫対策・後作緑肥				ダイコン			
	リビングマルチ					R-007		
ハウス	線虫対策・短期休閑緑肥					つちたろう		
	線虫対策・後作緑肥			トマト促成栽培				
	薫蒸作物・休閑緑肥			辛神				
水稲	裏作緑肥					イネ、田植え		
露地	リビングマルチ				ヘアリーベッチ			
						トマト、キュウリ		
露地	バンカープランツ(ソルゴー)					三尺ソルゴー		
						ナス		
施設ハウス	バンカープランツ(ムギ類)							
		ムギ類(てまいらず)						
果樹園	草生栽培				倒伏	枯死		
畑作(北海道)	コムギ休閑緑肥					トウモロコシ、ヒマワリ、ねまへらそう		
	コムギ後作緑肥	コムギ						
	コムギ間作緑肥				アカクローバ(コムギへの中播き)			

凡例: 緑肥 / 主作物 / 腐熟すき込み / 枯死

図80 緑肥作物の導入パターン

Q81 園芸作物では畑に緑肥を入れる余裕がなく、導入は不可能ではないですか？

緑肥作物の導入計画（ハウス）

●トマト＋キュウリ2年4作の1作を緑肥に

トマトやキュウリのハウスでは促成と抑制栽培を組み合わせて、年2作栽培が行なわれていますが、どちらか1作を休閑し、線虫対抗作物の「つちたろう」（ソルゴー）を栽培し、収益が改善できないかを考えてみました。いくつかの仮定条件があります（表81-1）。

（仮定条件）
① 本来の収入を1作（半年）100万円/10a、現状の商品化率は80％、現在の収入を80万円、農薬代は5万円としました。タネ代は2.5a分で2500円です。
② 緑肥による有機物施用の改善効果を初年目は収量で2割、商品化率で100％、収入で120円としました。2年目は1割、3～4年目は並みとします。
③ 線虫抑制効果は1年のみとし、全体を4等分し（2.5aずつ）、4年のうち1作（半期）うちを栽培し、秋野菜を栽培します（10万円）。残りの3年は農薬で防除します。
④ つちたろうの栽培期間は、春播きは3～6月、夏播きは8～10月とし、残り1作をトマトかキュウリを栽培します。

●商品化率アップ、省力効果でむしろ増収に

（収入の改善効果）
① 1、2年目は収入の1/4がなくなるので減収ですが、ソルゴーの後に秋野菜を栽培、減収を防ぎます。
② 2年目で現状まで回復し、3年目以降は増収になります。
③ ハウスを休閑するにはかなりの決断が必要ですが、実際の農家では管理面積が3/4になり、そのぶん主作物に手間がかけられることで、初年目の収益減もなく、むしろ向上したケースもあります。
④ つちたろうを刈り出してクリーニングクロップとして利用する場合、ハウスを空ける

要点BOX
園芸作でも線虫対抗作物やクリーニングクロップを有効利用し、2年1作でも粗大有機物の力を活用すれば、後作で収益を挽回。効果を実感できる。

●トマト長期収穫で対抗作物を導入

最近増えているトマトの長期収穫栽培（8月～翌年5月）では、ハウスが6～8月空いている場合が多くなっています。トマト収穫後に50～60日、対抗作物を導入できると、減収も少なく、むしろ増収が期待できます（表81-2）。つちたろうはすき込むと腐熟期間が必要ですが、果菜類の移植の場合には短くて済みますし、クリーニングクロップとしての刈り出しも可能です。

ここではつちたろうを主体に紹介しましたが、サツマイモネコブセンチュウ対策、肥効や早期すき込みを考えるのであれば「ネマコロリ」、多くの線虫が心配ですき込みやすさを重視する場合は「ネマキング」、キタネグサレセンチュウが問題で、柔らかい有機物を希望するなら「ねまへらそう」がよいと思います。この栽培体系では、春にチャガラシ「辛神」を栽培、6月にすき込み、還元消毒を行なうと、トマト青枯病の防除にも利用できます。

期間は2カ月で十分です。

表81-1 ハウスで年2作栽培園芸農家が、半年ずつ休閑緑地を入れた2年輪作と収益改善（単位：千円）

圃場	項目	現状（年）	1年目春	1年目夏	2年目春	2年目夏	3年目春	3年目夏	4年目春	4年目夏	5年目春	5年目夏
圃場A (2.5a)	収入 農薬 秋野菜	400 -25	200 -13	つちたろう -3 25	300 0	300	275 -13	275 -13	250 -13	250 -13	250 -13	250 -13
圃場B (2.5a)	収入 農薬 秋野菜	400 -25	200 -13	200 -13	200 -13	つちたろう -3 25	300 0	300 0	275 -13	275 -13	250 -13	250 -13
圃場C (2.5a)	収入 農薬 秋野菜	400 -25	200 -13	200 -13	200 -13	200 -13	200 -13	つちたろう -3 25	300	300	275 -13	275 -13
圃場D (2.5a)	収入 農薬 秋野菜	400 -25	200 -13	200 -13	200 -13	200 -13	200 -13	200 -13	200 -13	つちたろう -3 25	300	300
10a	総収入	1500	750	585	863	698	938	773	988	823	1038	1038
年収		1500	1335		1560		1710		1810		2075	

仮定
1. 100万円/半年で稼ぐ果菜類で、商品化率：8割（80万円）を現状とした。
2. 農薬は5万円/反とし、緑肥のタネ代は1万円とした。
3. 1反歩の圃場を4等分し、夏にソルゴーを入れた。
4. 緑肥導入後の収入は線虫もなくなり2割改善（120万円：農薬無）、2年目：110万円、3-4年目：100万円（農薬使用）で計算した。

表81-2 ハウスでトマトの長期収穫で、空いている6～8月に対抗作物を入れた場合（単位：千円）

圃場	項目	現状（年）	1年目		2年目		3年目		4年目		5年目	
			8下~5	6~8中	8下~5	6~8中	8下~5	6~8中	8下~5	6~8中	8下~5	6~8中
圃場A	収入	2000	2000	つちたろう	3000		2750		2500		2500	つちたろう
(10a)	農薬	-50	-50	-10					-50		-50	-10
10a	総収入	1950	1950	-10	3000	0	2750	0	2450	0	2450	-10

仮定
1. トマトを8月～翌年5月まで栽培、収穫し、6～8月に後作緑肥（ソルゴー、ギニアグラス、クロタラリア）を入れる。
2. 農薬は5万円/反とし、タネ代は1万円とした。
3. 平年作を250万円、現在の収入を8割（200万円）、緑肥導入後トマトの収量を1年目：2割、2年目：1割、3年目：並みとした。
4. 1反歩の圃場を4等分し、農薬は対抗作物導入後、翌年の夏は無施用とした。

Q82 サツマイモを露地栽培しています。ネコブセンチュウの被害で収量減が著しく、農薬の多投も心配です。緑肥の導入効果は？

緑肥作物の計画導入（露地サツマイモ）

● 遊休地を借地、休閑期間は葉菜を作付け

露地のサツマイモ栽培では1年間の休閑緑肥は難しく、遊休地を借地で利用して、ソルゴー（つちたろう）の後にコマツナやホウレンソウで収益が確保できないか、検討してみました（表82）。

（仮定条件）

① 本来の収入を25万円/10a、現状の商品化率は80％、現状の収入を20万円としました。農薬には2万円を使用しています。

② 緑肥の改善効果を1～2年目は収量で1割、商品化率で100％、収入で30万円としました。3～4年目は並みで農薬を使用します。

③ 圃場を3等分し、借地を4aとし、4年輪作を考えます。

④ つちたろうは5月下旬に播種、7月末すき込み、9月上旬に収入補完のためホウレンソウかコマツナを栽培します（10万円）。つちたろうの導入経費は10aで5000円前後です。

● 4年輪作で収益改善

（収入の改善効果）

① この計算では現状の収入は20万円から農薬の2万円を差し引いた18万円（本来の半分）とかなり厳しい数字です。

② 1年目の10a当たりの収入は借地でコマツナを生産しても減収で、2年目に現状回復です。実際には借地の生産で増収。

③ 3年目以降は有機物の効果で増収。

● 「つちたろう」か「ねまへらそう」

サツマイモは露地栽培で、サツマイモネコブセンチュウの被害による減収が深刻です。ギニアグラスでは播種期が遅く、発芽と初期生育に難点があること、雑草化の懸念があること、後作の収量アップがあることから、ここではつちたろうを考えました。

● 要点BOX

露地作物の1年間の休閑緑肥は収益減につながるので、遊休地を利用した複数年の輪作を考える。

キタネグサレセンチュウが問題になる生食用イモの場合は肌がきれいになる「ねまへらそう」が最適です（サツマイモネコブセンチュウ対策はレースを確認する）。

遊休地の休閑利用で土つくり

表82　露地サツマイモで借地を使った4年輪作での収益改善効果（単位：千円）

圃場	作物	現状	1年目	2年目	3年目	4年目	5年目
圃場A 4a	サツマイモ 農薬、タネ 秋野菜	80 -8	80 -8	ソルゴー -2 40	110 0	110 0	100 -8
圃場B 3a	サツマイモ 農薬、タネ 秋野菜	60 -6	60 -6	60 -6	ソルゴー -2 30	83 0	83 0
圃場C 3a	サツマイモ 農薬、タネ 秋野菜	60 -6	60 -6	60 -6	60 -6	ソルゴー -2 30	83 0
借地 4a	サツマイモ 農薬、タネ 秋野菜		ソルゴー -2 40	110 0	110 0	100 -8	ソルゴー -2 40
10a	総収入	180	218	256	302	313	295
10a当り収入		180	156	183	216	223	211

仮定
1. 25万円/年で稼ぐ露地サツマイモで、商品化率：8割（20万円/10a）を現状とした。
2. 農薬代は2万円/反とし、タネ代は5000円とした。
3. 1反歩の圃場を3等分し、4aの借地を用意した。ソルゴーのすき込み後、秋野菜で10万円を稼ぐとした。
4. 緑肥導入後の収入は1～2年目は1割改善(27.5万円、農薬無)、3～4年目は平均で農薬有で計算した。

Q83 緑肥の播種方法について教えてください。その際の注意点は何ですか？

●主に散播で、播種後軽く覆土し、鎮圧

緑肥作物の多くが牧草・飼料作物に由来し、トウモロコシやソルゴーのような長大作物を除いて、面で播種します（散播）。そのため播種量が多めで、10a当たり牧草で2kg、ソルゴーで5kg、ムギ類で10～15kgになります。トウモロコシは条播で2kg前後です。

牧草は種子が軽いので、風に飛ばされやすく、きれいなスタンド（牧草の定着）確保には要領が必要です。播種量が1～2kgと少ない場合、砂や硫安20kgと混ぜて播くときれいに播けます。圃場はロータリで砕土・整地し、できるだけ傾斜をなくし、雨で流れないように気を付けます。播種は風の少ない早朝や夕方、散粒機やブロードキャスタで行ないますが、半量ずつを、縦・横2回に分けて丁寧に播きます。播種後、必ず深さ3～5cm程度の浅いロータリ耕で覆土（できれば鎮圧）を行ないます（図83）。暖地型牧草はタネがとくに細かく、発芽に時間を要すので、1cm以下の覆土とし、レーキと土を混ぜる感じで注意します。

コムギ間作のアカクローバや裏作イネへのイタリアンライグラスには覆土はとくに必要ありませんが、「緑肥ヘイオーツ」を含めたエンバクには鳥害が多いので注意してください。

なお、緑肥ヘイオーツの線虫抑制効果を高めるには雑草がないきれいな圃場が必要で、発芽不良の場所には後で再播種するとか、播種期を早め、雑草の生える前に追播するようにします。

トウモロコシは畝幅66～75cm、株間16～20cmの条播で、施肥をしながら「ごんべえ」（向井工業）や、専用の播種機で播種します。栽植本数は7000～8000本です。現在は粒数販売となり、3500粒詰めで5畝分です。

●条播か散播か、除草剤も考慮して決める

播種機のスピードが速いと種子がきれいに落ちないので気を付けてください。除草剤にはいろいろな

●要点BOX●
緑肥作物には種子が細かく、面で播くものが多い（散播）。播種後の覆土・鎮圧がポイント。

播種方法

表83 トウモロコシ・ソルゴーのおもな除草剤

除草剤	作物	適用雑草（一年生雑草）	処理時期	使用量（mℓ/10a）
ラッソー乳剤	ト	イ	1～2葉期	200～400
	ソ		播種直後	300
デュアールゴールド	ト	イ	1～2葉期	70～100
ゲザプリムフロアブル	ト	広	2～4葉期	100～200
	ソ		発生前	100～200
ゲザノンゴールド	ト	広	2～4葉期	140～260
	ソ		播種直後	140～260
ワンホープ乳剤	ト	＊1	3～5葉期	100～150
アルファード乳剤	ト	＊2	3～5葉期	100～150
ゴーゴーサン乳剤	ト	イ・広	出芽前	200～400
	ソ		3葉期	300

注）作物欄の「ト」はトウモロコシ、「ソ」はソルゴー。
　対象はいずれも一年生雑草で、「イ」はイネ科、「広」は広葉雑草、また＊1はとくにシバムギに、＊2はイチビ、イヌホウズキに適用。
　なお、処理時期は作物のステージで一番遅いときとして、土壌処理が可能なものもあるので注意する。

図83　緑肥の播種方法

組み合わせがあり、多年生のイネ科雑草が問題の場合にはワンホープ乳剤、外来雑草が多い場合はアルファード液剤をお勧めします。

ソルゴーやスーダングラスは条播と散播、どちらでも可能ですが、イネ科の除草剤が十分でないため、カルチを入れる場合には播種量を少な目にして条播に、面で多収を狙う場合には散播とします。

除草剤はソルゴーのみゴーゴーサン乳剤が使え、スーダングラスにはイネ科の除草剤が使えず、広葉のみとなります。種子が地表に出ていると薬害が生じます。

ドリフトガードクロップはムギ類やソルゴーをごんべえで圃場の外周に播種すると簡単です。

コラム●6

ジャガイモ収穫と播種を同時に
不耕起播種機「ホリマキくん」

　長崎県ではジャガイモを収穫してから「緑肥ヘイオーツ」を5月中に播種するのは無理という声を受け、ジャガイモを収穫しながら緑肥の播種ができる不耕起播種機「ホリマキくん」(田中工機㈱)が開発されています(写真)。

　その使用マニュアルによると、播種装置はジャガイモの収穫機に簡単に装着でき、ホッパーの種子が収穫機の前進とともに拡散・土壌混和され、ジャガイモを掘り出した直後に播種されます。ホリマキくんで播種した緑肥ヘイオーツの生育は慣行法と大差ありません。作業時間が110分/10aと大幅に短縮され、慣行法の173分に比べ64%に省力化されています(表)。

　この機械は播種量が3kg以上、種子の大きさが2.5〜10mmの緑肥に対応できます。時間が十分にない方はぜひ検討ください。

収穫同時播種機「ホリマキくん」の能力 (長崎県、2013)

播種方法	作業時間 (hr)				エンバクの草丈 (cm)
	合計	収穫	播種	耕耘	
ホリマキくん	109.7	—	109.7	—	37.0
慣行法	172.7	108.0	20.8	43.9	37.8

「ホリマキくん」
問い合わせ先/田中工機(株)
TEL 0957-55-8191

長崎県農技開発センター
馬鈴薯研究室
TEL 0957-36-0043

Q84 覆土や鎮圧をしっかりしたが、どうも生育が悪い。原因と対策はなんですか？

まずは生育量の確保

●主作物の作付け前に緑肥で地力をチェック

緑肥作物の作付けが十分できないのに園芸作物で多収を狙うのは無理です。緑肥は面で栽培しますから、大きくなると地力がもろに生育に現われます。葉色や草丈の違いをよく見て、生育の悪い場所には排水性とか地力とか何か問題があるはずですから、確認してそれぞれ対策を考えます。また、初めての場合には付加価値がある難しい緑肥でなく、簡単な作物・品種を選び、これで地力診断することをお勧めします。

「緑肥ヘイオーツ」、トウモロコシ、ヒマワリ、ソルゴー、ヘアリーベッチが扱いやすいと思います。これらが十分生育できない圃場で、「田助」(セスバニア)や「ネマキング」(クロタラリア)は難しい作物です。まず、つくりやすい作物を選び、圃場の地力を面でつかむことが大切です。

●排水性の確保と適期播種

生育が悪い原因の一つに排水性と播種期の見逃しがあります。ヘアリーベッチやトウモロコシはとくに排水不良地には弱い作物です。排水が悪いと土壌中で肥料が水で流れてしまい、病原菌も水で移動してきて、発病しやすくなります。

水田裏作のヘアリーベッチでは圃場に排水路(明渠、写真66)を切って、適期播種に努めるだけで生育がかなりよくなります。それでも冬の寒さで春先までアントシアン色(赤紫色)のまま生育停滞したものも見かけます。

同じことがチャガラシにも言えます。チャガラシは関東では10月末から11月上旬と播種期が短い作物で、アブラナ科は水に弱い難点もあります。排水性を改善した圃場で播いてください。

●緑肥にも一定の肥料が要る

園芸の熟畑を除いて、チッソだけでも施肥をしてください。トウモロコシやソルゴーを十分に育てるには三要素とも成分で15kg／10a前後は必要です。この施用した肥料は無駄にはなりません。後作の減肥が可能です。

● 要点BOX ●
生育量確保には、①つくりやすい品種の選定、②適期播種、③畑の排水対策、④適正な施肥量をチェック。

Q85 すき込みの時期と方法を教えてください。ロータリしかもっていないのですが、十分深くすき込めますか？

すき込みの実際

● 霜にあてて枯らしてからすき込むと楽

80馬力以上のトラクタとプラウがあれば、どんな緑肥作物でもすき込め、ロータリでもかなり対応できます（図85）。後作を考えると、緑肥のすき込みはフレルモアによる細断、プラウによるすき込み（有機物を表層に入れる場合にはロータリ）、その後ロータリによる砕土・整地が基本です。

薫蒸作物の場合には病原菌が問題になる表層への施用が基本で、さらに効果を期待する場合には還元消毒を併用します。府県ではなかなかこうした大型機械がありませんが、次のようなやり方があります。

3m近くに生長したトウモロコシやソルゴーを被霜させ、枯らしてから秋口に刈り倒します。翌春、硫安や堆厩肥と再び一緒にすき込むと楽です。枯れた茎葉をすき込むのになじめない方もいるかもしれませんが、この方法で土づくりをされている農家がいます。彼らは夏播きで10t／10a近い有機物を確保し、チッソ肥料を散布し、圃場にすき込んでいます。

● すき込みやすい時期や品種を選ぶ

ハウスなどでは、すき込める時期や品種を選んで栽培することが考えられます。ソルゴーは3mにもなりますが60日程度なら2m前後です。これでも散播なら6t／10aは確保できます。刈り払い機で3等分ぐらいにすると、小型のトラクターでもすき込みは可能です。「三尺ソルゴー」や「ネマキング」も茎葉が柔らかく、すき込みやすいと好評です。

第三者に委託する方法もあります。共同で作業機械を購入し、皆で利用する方法です。また耕畜連携を利用し、酪農家に地上部を収穫してもらうと、堆厩肥と切り株のみで、すき込みはかなり楽になります。

● 要点 BOX ●
❶緑肥は背丈1〜2mですき込む。3mまで大きくなったら、トラクタで押し倒すか、被霜させてすき込む。プラウの共同利用や耕畜連携も検討。❷背の低い三尺ソルゴーや緑肥ヘイオーツの利用も。

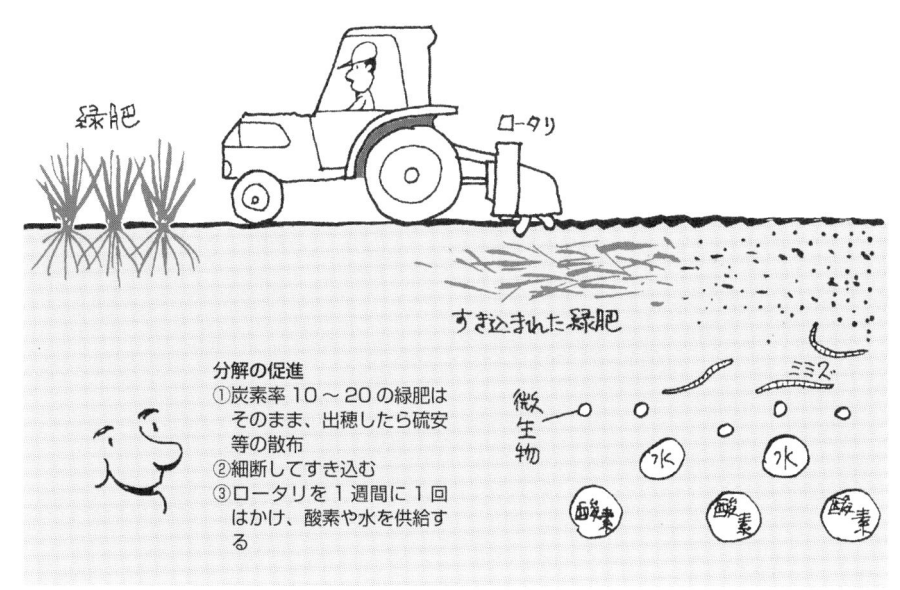

図85　すき込みのポイント

分解の促進
①炭素率10〜20の緑肥はそのまま、出穂したら硫安等の散布
②細断してすき込む
③ロータリを1週間に1回はかけ、酸素や水を供給する

写真85　前年の8月にソルゴーを播種し、生収量で10t生産、被覆後すき込んだ圃場（牛久市の農家）

①前年11月に刈り倒して圃場に散ったソルゴー（圃場を乾かさずに微生物の繁殖を期待）
②翌春チッソ肥料を散布し、ロータリで耕起・すき込み
③すき込まれた後の圃場の状況（西森原図）

Q86 すき込んだ緑肥作物はどのくらいで腐熟し、主作物を作付けられるようになりますか？

腐熟期間の見込み

●分解の最初はピシウム菌が働く

すべての有機物は、すき込まれると微生物により

糖類→セルロース→リグニン→腐植と分解されます（図86-1）。最初の分解を行なう菌がピシウム菌で、腐敗を進めます。この菌は腐敗菌としても有名で、発芽障害の原因になります。ピシウム菌のもっとも活発な温度は10℃前後といわれており、トウモロコシの播種期の地温と一致します。そのため、種子には殺菌剤が塗布され、発芽不良を防いでいます。逆にこれより低温や暖かい温度では菌の活動が鈍く、発芽不良は少なくなります。

●腐熟期間として20～30日が必要

これと同じことが緑肥をすき込んだ直後に起こります。緑肥の分解は炭素率で決まるので、後作の発芽不良はすき込まれた量ではなく、炭素率が低い（チッソ分が多い）もので被害が大きくなります。可能性が一番大きいものはヘアリーベッチとクローバ類で、クロタラリアや「田助」（セスバニア）でチッソ分が高く、分解が遅くなります。

私たちは6～8月に各種緑肥を栽培して8月7日にすき込み、4日後の8月11日に緑肥ヘイオーツを播種する試験を行ないました（表86）。すき込まれた量は緑肥ヘイオーツがもっとも多いのですが、障害の発生は少なく、アカクローバとクリムソンクローバで発芽不良等の発生率が高いことがわかります。後作の収量は1割減収です。

これを防ぐために設けるのが腐熟期間で、20～30日おいて後作を播種します。根菜類は枝根発生の危険性もあるので、この期間を守ってください。

逆に炭素率が高い（チッソ分が少ない）ソルゴーやトウモロコシの場合は細断したうえで硫安や石灰チッソを散布して分解を促進させます。

● 要点BOX ●
すき込んだ緑肥作物はピシウム菌によって分解。このピシウム菌は後作種子を腐敗させ、発芽に悪影響を与えるので20～30日の腐熟期間をおく。とくにイネ科よりマメ科緑肥作物で要注意。

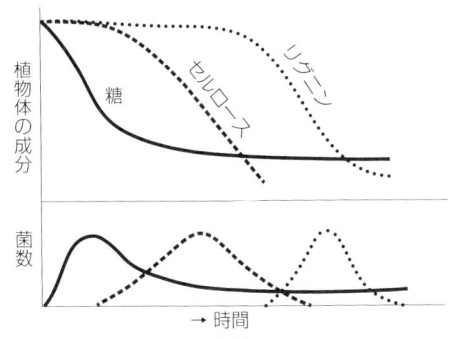

図86-1　土壌中における緑肥の分解と微生物の推移
　　　　（模式図）

※腐熟期間を20～30日おく

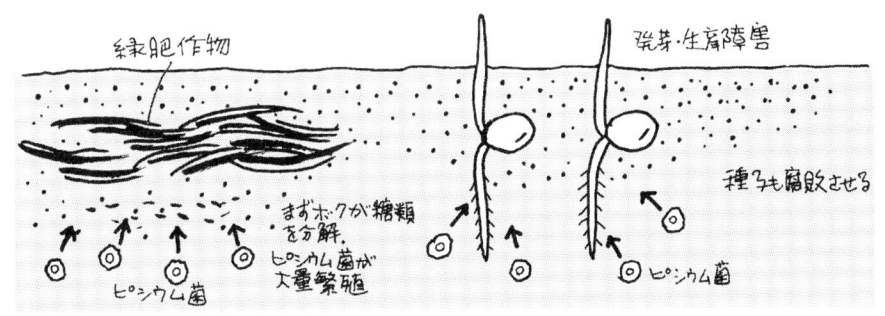

図86-2　有機物の分解の初めは糖を分解するピシウム菌が働く

表86　緑肥作物のすき込みと後作への影響　（雪印種苗、1993）

緑肥作物	緑肥作物			後作ヘイオーツの障害と収量			
	乾物収量	対比	炭素率	障害発生率	障害程度	乾物収量	対比
無すき込み区				0	−	602	100
緑肥ヘイオーツ	637	100	18	43	＋	462	77
シロガラシ	461	72	31	45	＋	462	77
トウモロコシ	484	76	26	30	＋−	507	84
アカクローバ	140	22	14	76	++	568	94
クリムソンクローバ	270	42	16	62	＋	536	89

注1）緑肥播種：6/11、すき込み：8/7、後作播種：8/11（4日後）
注2）障害発生程度：−：無、＋：甚、++：甚甚
　　　播種直後の発芽障害、立枯病等

Q87 塩類除去にクリーニングクロップを作付けました。これは必ずもち出す必要がありますか?

●もち出し区とすき込み区を比較

千葉県多古町のホウレンソウ栽培農家で、4～6月までチャガラシ「辛神」とスーダングラス「ねまへらそう」を栽培、6月11日にすき込みました。辛神が生収量で5.3t/10a、ねまへらそうで7.7t確保し、吸い出した肥料成分はねまへらそうで、チッソ、リン酸、カリがそれぞれ25kg、5kg、52kgでした。各々にすき込みと刈り出した区をつくり、辛神のすき込み区には薫蒸効果を確認しました。辛神のすき込み区には十分なかん水を行ない、ビニール被覆後、薫蒸しました。後作にホウレンソウを播種、9月20日に収量と萎凋病を調査しました。

●あえてもち出さないで病害抑制を狙うことも

ホウレンソウの収量はいずれの緑肥後でも化成肥料で栽培した区より多収になり、ねまへらそう後よりやや多収でした。ねまへらそう後はいずれの処理でも慣行区の2.5倍の1株重でした(図87)。ホウレンソウ萎凋病の発病は辛神すき込み区では見られず、次いでねまへらそうすき込み区で抑制され、もち出し区の発病抑制効果は十分ではありませんでした。

クリーニングクロップはもち出したほうが塩類除去に効果があります。しかし、すき込んで有機物を補給し、病害抑制を狙ったほうがよい場合もありそうです。

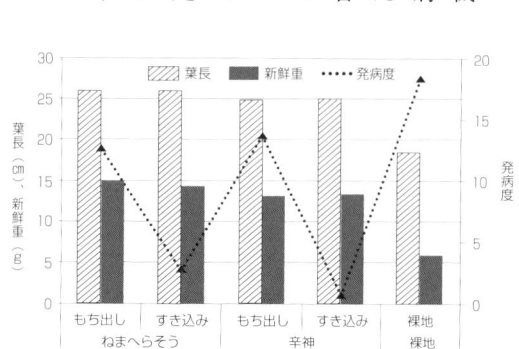

また、それだけ有機物が不足している圃場が多い現実もあります。

図87 クリーニングクロップのもち出しとすき込み後のホウレンソウ収量と萎凋病の発病度 (雪印種苗、2014)

もち出しか、すき込みか?

●要点BOX●
クリーニングクロップでもあえてもち出さず、すき込んで有機物を補給、病害抑制を狙ったほうがよい場合もある。

付録

1 緑肥作物を組み入れた栽培体系（府県）……188―191
2 緑肥作物を組み入れた栽培体系（北海道）……192―195
3 今から播ける緑肥作物（府県播種期一覧）……196―197
4 緑肥作物特性表（雪印種苗・府県）……198―201
5 緑肥作物特性表（雪印種苗・北海道）……202―203
6 緑肥作物特性表（ホクレン）……204―205
7 緑肥作物特性表（タキイ種苗）……206―207
8 緑肥作物特性表（カネコ種苗）……208

	5月	6月	7月	8月	9月	10月	11月	12月
	ウモロコシ			×××	◎ 園芸作物			
		◎ グリーンソルゴー、つちたろう、ねまへらそう		×××	◎ 園芸作物			
	マコロリ		×××					
		◎ 緑肥ヘイオーツ(収穫同時播種)	×××		◎ 冬作ジャガイモ			
			◎ ミレット、ねまへらそう	×××				
	(キャベツ、ハクサイ、レタス他)			◎ 緑肥ヘイオーツ、R-007		×××		
							◎ コムギ	
		◎ 田助			×××			
		◎ 定植 夏秋どり長ネギ					◎ アンジェリア	
		×××			◎ 秋冬どり長ネギ			
						◎ ニンニク		
		×××	◎ グリーンソルゴー					
	◎ 水稲					◎ まめ助、寒太郎、藤えもん		
	×××	◎ ダイズ						
	ダイコン				◎ 緑肥ヘイオーツ		×××	
	◎ 緑肥ヘイオーツ		×××	◎ 秋ダイコン				
	ダイコン					◎ R-007		
	春ダイコン				◎ 緑肥ヘイオーツ		×××	
	×××			◎ 夏ダイコン				
	◎ 緑肥ヘイオーツ	×××		◎ 夏ダイコン				
		◎ ねまへらそう・ソイルクリーン	×××	◎ 秋ダイコン				
	◎ R-007 リビングマルチ		枯死 ×××	◎ 秋ダイコン				

付録 1 緑肥作物を組み入れた栽培体系（府県①）

目的	地域	主作物	緑肥作物	1月	2月	3月	4月
土づくり	関東平坦地	園芸・畑作物	トウモロコシ				
			ソルゴー類（線虫対策）				
	九州	サトウキビ	ネマコロリ（線虫対策）	サトウキビ			◎
		ジャガイモ（表土流亡防止）	緑肥ヘイオーツ、青葉ミレット			◎ 春作ジャガイモ	
	高・寒冷地	高原野菜	緑肥ヘイオーツ				◎ 高原野
	関東平坦地	コムギ（排水性の改善）	田助（セスバニア）				
	関東平坦地	長ネギ（品質改善）	アンジェリア				××× ◎ アンジェリ
	東北地方	ニンニク	グリーンソルゴー				
減肥	関東平坦地	水稲	まめ助、寒太郎、藤えもん			×××	
		ダイズ	まめ助			◎ まめ助	
キタネグサレセンチュウ対策	寒・高冷地	ダイコン	緑肥ヘイオーツ				
			R-007				×××
	関東平坦地	ダイコン	緑肥ヘイオーツ				◎ 緑肥ヘイオーツ
			ねまへらそう、ソイルクリーン				
			R-007				

////////：主作物栽培　■■■■：主作物収穫　▬▬▬：緑肥栽培期間　◎：播種　×××：すき込み、腐熟期間

5月	6月	7月	8月	9月	10月	11月	12月
				緑肥ヘイオーツ ×××			
					R-007 ×××		
～ンネル）春ニンジン							
							サトイモ
	ねまへらそう・ソイルクリーン ×××						
				緑肥ヘイオーツ ×××			
	サトイモ露地栽培						
××							
イルクリーン、ネマコロリ、ネマキング ハウス抑制トマト							
つちたろう、ソイルクリーン、ネマコロリ、ネマキング ×××			ハウス抑制キュウリ				
						トマト促成栽培	
			つちたろう、ソイルクリーン、ネマキング ×××				
			トマト長期栽培				
めに収穫	つちたろう、ソイルクリーン						
		つちたろう、ソイルクリーン ×××					
				スナイパー			×××
				スナイパー			×××
マトトンネル栽培				スナイパー			×××
成栽培）			ネマキング		×××		
神	薫蒸処理 ××××××××××		ホウレンソウ		ホウレンソウ		
神	薫蒸＋還元消毒 ××××××××××		トマト抑制栽培				×××
播きキャベツ ×××				緑肥ヘイオーツ			
		夏播きキャベツ					
				秋播きキャベツ			
	×××						

付録1 緑肥作物を組み入れた栽培体系（府県②）

目的	地域	主作物	緑肥作物	1月	2月	3月	4月
キタネグサレセンチュウ対策	寒・高冷地	（トンネル）春ニンジン	緑肥ヘイオーツ、R-007				×××
		冬ニンジン	緑肥ヘイオーツ	翌年　ニンジン			
ミナミネグサレセンチュウ対策	南九州	サトイモ促成・露地栽培	緑肥ヘイオーツの後作かネマキングの休閑緑肥	サトイモ促成栽培		◎ 緑肥ヘイオーツ	
各種ネコブセンチュウ対策	関東平坦地	トマト、キュウリ抑制栽培へ	つちたろう、ソイルクリーン、クロタラリア				◎ つちた—
		トマト、キュウリ促成栽培へ	つちたろう、ソイルクリーン、クロタラリア	翌年			
		トマト長期取り	つちたろう、ソイルクリーン	翌年			
		メロン促成栽培	つちたろう他				◎ メロン促成栽培
サツマイモネコブセンチュウ対策	九州	サツマイモ早掘り	スナイパー（エンバク）				◎ 早掘りサツマイモ
	関東平坦地	スイカ早熟栽培				定植　スイカ早熟栽	
		トマト、キュウリ					
ダイズシストセンチュウ	関東平坦地	エダマメハウス促成	ネマキング				◎ エダマメ（ハ—
土壌病害の抑制	関東平坦地	ホウレンソウ萎凋病	辛神（チャガラシ）			◎ ホウレンソウ	
		トマト青枯病					
		キャベツバーティシリウム萎凋病・アブラナ科根こぶ病対策	緑肥ヘイオーツ		翌年	◎ 緑肥ヘイオーツ	◎ 緑肥ヘイオ—

////////：主作物栽培　■■■：主作物収穫　▒▒▒：緑肥栽培期間　◎：播種　×××：すき込み、腐熟期間

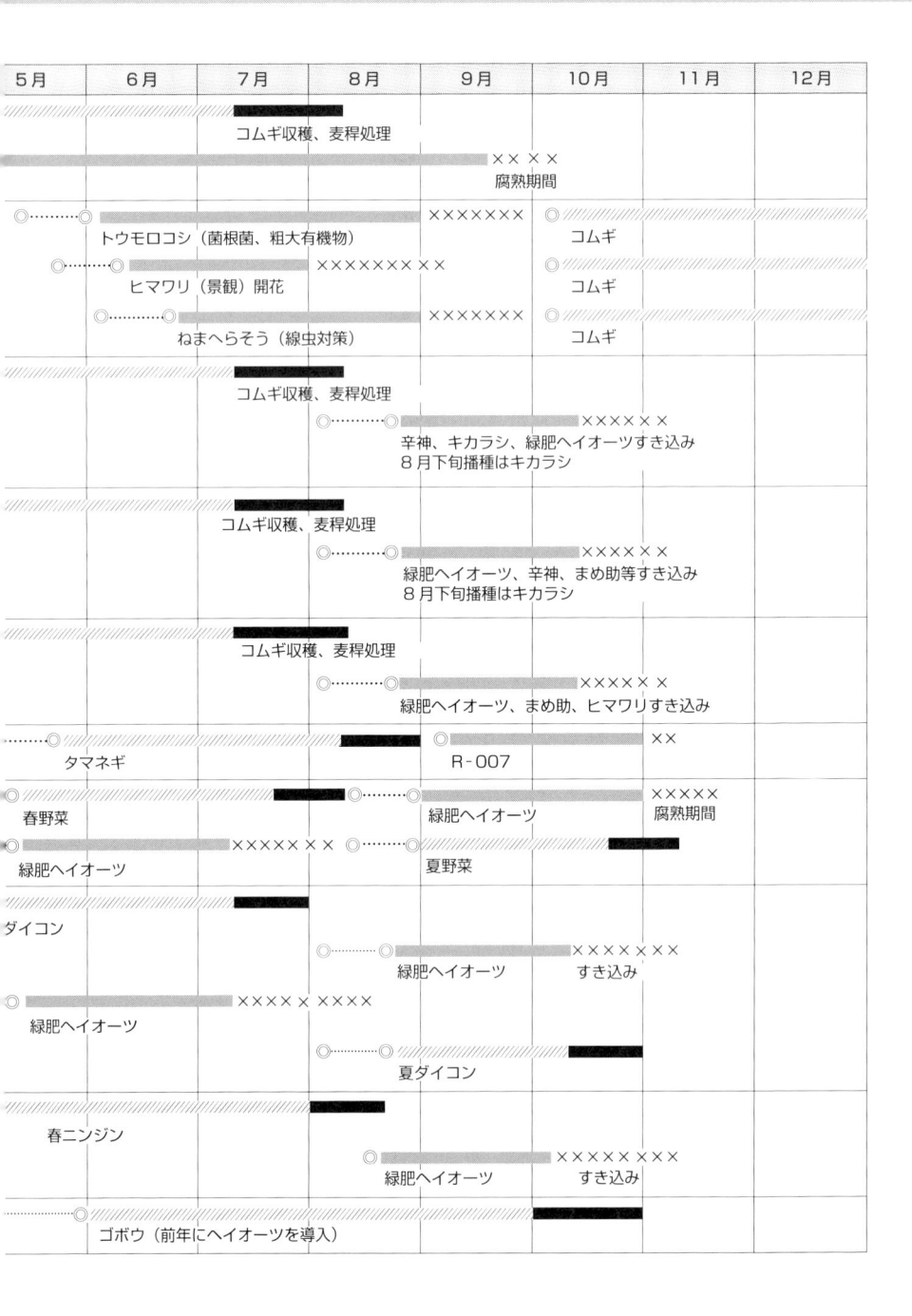

5月	6月	7月	8月	9月	10月	11月	12月

コムギ収穫、麦稈処理
××××
腐熟期間

××××××
トウモロコシ（菌根菌、粗大有機物）
コムギ

××××××××
ヒマワリ（景観）開花
コムギ

××××××
ねまへらそう（線虫対策）
コムギ

コムギ収穫、麦稈処理

××××××
辛神、キカラシ、緑肥ヘイオーツすき込み
8月下旬播種はキカラシ

コムギ収穫、麦稈処理

××××××
緑肥ヘイオーツ、辛神、まめ助等すき込み
8月下旬播種はキカラシ

コムギ収穫、麦稈処理

××××××
緑肥ヘイオーツ、まめ助、ヒマワリすき込み

××
タマネギ　　R-007

××××
春野菜　　緑肥ヘイオーツ　　腐熟期間

××××××
緑肥ヘイオーツ　　夏野菜

ダイコン

××××××
緑肥ヘイオーツ　　すき込み

××××××××
緑肥ヘイオーツ

夏ダイコン

春ニンジン

××××××××
緑肥ヘイオーツ　　すき込み

ゴボウ（前年にヘイオーツを導入）

付録2 緑肥作物を組み入れた栽培体系（北海道①）

目的	地域	主作物	緑肥作物	1月	2月	3月	4月
土づくり	畑作	畑作物	はるかぜ（アカクローバ）	コムギ		畦間へ中播き	
		コムギ	トウモロコシ、ねまへらそう、ヒマワリ				
		テンサイ	辛神、キカラシ、緑肥ヘイオーツ、まめ助（肥効を期待）	コムギ			
		ジャガイモ	緑肥ヘイオーツ（線虫対策）、辛神（黒あざ病対策）	コムギ			
		アズキ、ダイズ等	緑肥ヘイオーツ（線虫対策）、まめ助、ヒマワリ（菌根菌）	コムギ			
		タマネギ	R-007（土壌改良）				
	露地園芸	野菜類	緑肥ヘイオーツ（有機物補給）				◎
キタネグサレセンチュウ対策	露地園芸・畑作	ダイコン	緑肥ヘイオーツ				◎
		ニンジン					◎
		ゴボウ、ナガイモ					

////////：主作物栽培　　■■■■：主作物収穫　　▨▨▨▨：緑肥栽培期間　　◎：播種　　×××：すき込み、腐熟期間

5月	6月	7月	8月	9月	10月	11月	12月
トマト、キュウリ（ハウス）				つちたろう、ソイルクリーン		××××××××× 腐熟期間	
		コムギ収穫、麦稈処理		くれない		××××××× 腐熟期間	
辛神		××××××××		ホウレンソウ			
		コムギ収穫、麦稈処理		辛神	×××××× すき込み	翌年テンサイに	
緑肥ヘイオーツ		×××××		緑肥ヘイオーツ	×××××× すき込み	翌年ジャガイモに	
		コムギ収穫、麦稈処理		緑肥ヘイオーツ	×××××× すき込み	翌年アズキに	
タネバレイショ とちゆたか	隔離効果（外周）		×××× 刈り倒す				
キャベツ うゆたか	ドリフトガード効果（外周）		×××× 刈り倒す				

付録 2 緑肥作物を組み入れた栽培体系（北海道②）

目的	地域	主作物	最適緑肥	1月	2月	3月	4月
サツマイモネコブセンチュウ対策	道南加温ハウス	トマト、キュウリ	つちたろう、ソイルクリーン				
ダイズシストセンチュウ対策	畑作	ダイズ、アズキ	くれない	コムギ			
土壌病害対策	ハウス	ホウレンソウ萎凋病	辛神（薫蒸作物）前作緑肥				
	畑作	テンサイ根腐病	辛神（薫蒸作物）コムギ後作	コムギ			
		ジャガイモそうか病	緑肥ヘイオーツ（休閑2作栽培）				◎
		アズキ落葉病	緑肥ヘイオーツ（コムギ後作）	コムギ			
隔離作物	タネイモ生産圃場	タネバレイショ	とちゆたか				
ドリフトガードクロップ	露地園芸	キャベツ、野菜	とちゆたか				

////////：主作物栽培　■■■■：主作物収穫　▬▬▬：緑肥栽培期間　◎：播種　×××：すき込み、腐熟期間

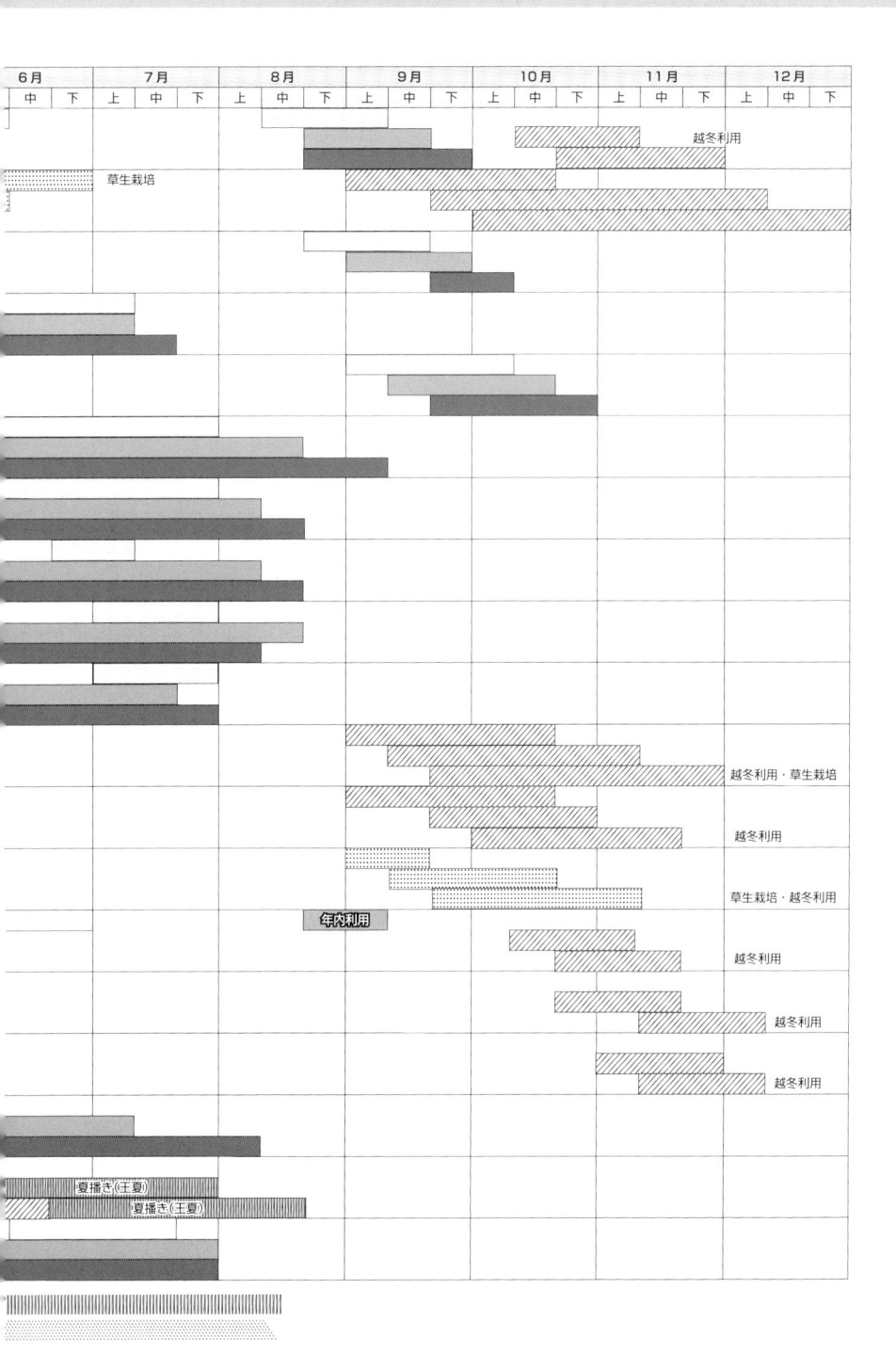

6月		7月			8月			9月			10月			11月			12月		
中	下	上	中	下	上	中	下	上	中	下	上	中	下	上	中	下	上	中	下

越冬利用

草生栽培

越冬利用・草生栽培

越冬利用

草生栽培・越冬利用

年内利用

越冬利用

越冬利用

越冬利用

夏播き(王夏)

夏播き(王夏)

付録3　今から播ける緑肥作物（府県播種期一覧）

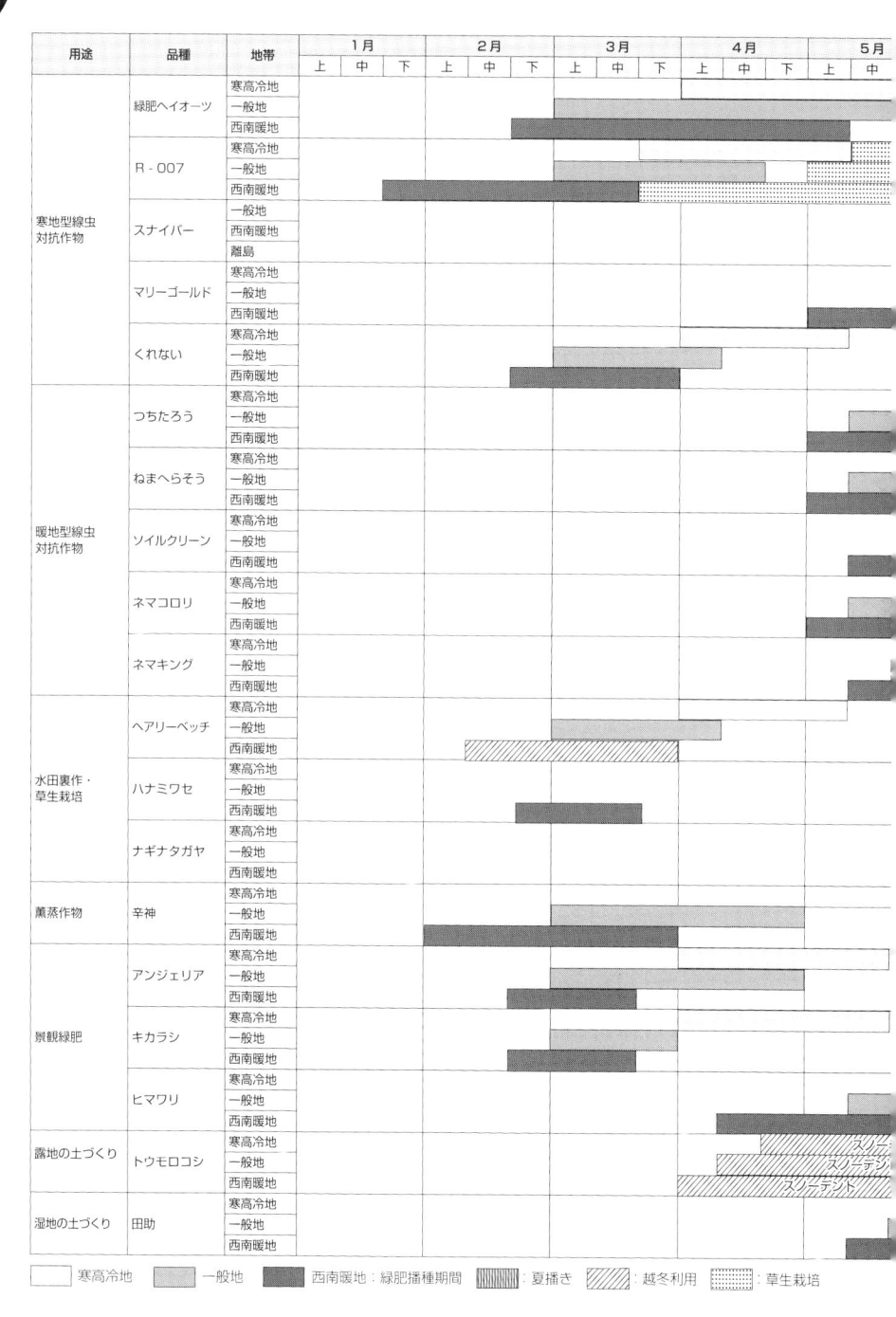

用途	品種	地帯	1月上	1月中	1月下	2月上	2月中	2月下	3月上	3月中	3月下	4月上	4月中	4月下	5月上	5月中
寒地型線虫対抗作物	緑肥ヘイオーツ	寒高冷地														
		一般地														
		西南暖地														
	R-007	寒高冷地														
		一般地														
		西南暖地														
	スナイパー	一般地														
		西南暖地														
		離島														
	マリーゴールド	寒高冷地														
		一般地														
		西南暖地														
	くれない	寒高冷地														
		一般地														
		西南暖地														
暖地型線虫対抗作物	つちたろう	寒高冷地														
		一般地														
		西南暖地														
	ねまへらそう	寒高冷地														
		一般地														
		西南暖地														
	ソイルクリーン	寒高冷地														
		一般地														
		西南暖地														
	ネマコロリ	寒高冷地														
		一般地														
		西南暖地														
	ネマキング	寒高冷地														
		一般地														
		西南暖地														
水田裏作・草生栽培	ヘアリーベッチ	寒高冷地														
		一般地														
		西南暖地														
	ハナミワセ	寒高冷地														
		一般地														
		西南暖地														
	ナギナタガヤ	寒高冷地														
		一般地														
		西南暖地														
薫蒸作物	辛神	寒高冷地														
		一般地														
		西南暖地														
景観緑肥	アンジェリア	寒高冷地														
		一般地														
		西南暖地														
	キカラシ	寒高冷地														
		一般地														
		西南暖地														
	ヒマワリ	寒高冷地														
		一般地														
		西南暖地														
露地の土づくり	トウモロコシ	寒高冷地														
		一般地														
		西南暖地														
湿地の土づくり	田助	寒高冷地														
		一般地														
		西南暖地														

凡例：□寒高冷地　▨一般地　■西南暖地：緑肥播種期間　▓：夏播き　▧：越冬利用　▦：草生栽培

播種量 (kg/10a)	播種期（月・旬） 東北・寒冷地	一般地	西南暖地	すき込み時期の草丈（生育日数）	利用例
〜15	4上〜6上 8中〜9上	3上〜5下 8下〜9中 10中〜11上	2下〜5上 8下〜9中 10中〜11下	出穂前後 （播種50〜60日前後）	ダイコン、ニンジン、ナガイモの線虫対策のエース バーティシウム病やレタス、キャベツ、ハクサイの根こぶ病対策に
〜10	−	8下〜9中	9上〜9下 9下〜10上 （種子島等離島）	出穂前後	サツマイモネコブセンチュウ対策に、晩夏〜冬の空畑を有効利用 南九州など秋季温暖な地域では9月中〜下旬の播種が望ましい
〜10	−	8下〜9上	8下〜9中	穂孕み〜出穂始	サツマイモの線虫対策
〜15	3下〜5上 9上〜10中	3上〜4中 9中〜12上	1下〜4中 10上〜12下	穂孕み〜出穂始	ダイコン、ニンジン等の秋から早春にかけての越冬利用でのネグサレセンチュウ対策
2〜3	4上〜5上 9上〜10上	3上〜4中 9中〜10中	2下〜3下 9上〜10下	開花期	景観美化、ダイズシストセンチュウ対策に
2〜0.5	6上〜7上	5中〜7上	5中〜7上	開花期 （定植後80〜90日）	線虫対策と景観美化に（栽培日数として80日前後が必要） 育苗栽培と雑草管理がポイント
5	5下〜7下（露地） 5〜7（ハウス）	5中〜8中（露地） 5〜8（ハウス）	5上〜9上（露地） 5〜8（ハウス）	1.5〜2.0m（播種50〜60日前後）	サツマイモネコブセンチュウ対策に ハウス、キュウリ、トマト、イチゴ、露地野菜の有機物給に
5	5下〜7下（露地） 5〜7（ハウス）	5中〜8中（露地） 5〜8（ハウス）	5上〜8中（露地） 5〜8（ハウス）	1.5〜2.0m（播種60日前後）	ダイコン、ニンジンの露地休閑利用でネグサレセンチュウ対策 ハウスの土づくりではすき込みやすさがポイントに
0.3〜0.5 1.0〜1.5	6下〜7上	6上〜8上	5中〜8中	1.5m（播種50〜70日前後）	ダイコン、ニンジン、キュウリ、スイカ、メロンのネグサレセンチュウ、ネコブセンチュウ対策に
0.3〜0.5 1.0〜1.5 ト2〜3	6下〜7上	6上〜8上	5中〜8中	1.5m（播種50〜70日前後）	ダイコン、ニンジン、キュウリ、スイカ、メロンのネグサレセンチュウ、ネコブセンチュウ対策に
6〜9	7（露地）、 6〜7（ハウス）	5下〜7中	5中〜7下	1.0〜1.5m（播種65〜85日前後）	キュウリ、トマト、スイカ、メロンのネコブセンチュウ対策に 景観美化にも最適
6〜9	7（露地）、 6〜7（ハウス）	5下〜7中	5中〜7下	1.0〜1.5m（播種65〜85日前後）	キュウリ、トマト、スイカ、メロン、サツマイモの各種線虫対策に 極晩生種
6〜8	7（露地）、 6〜7（ハウス）	5中〜8中	5上〜8上 2下〜9下 （沖縄・奄美諸島）	1.5m（播種50日後）	キュウリ、トマト、スイカ、メロン、サツマイモの各種線虫対策に
000粒	6上	5上〜6下	4上〜6上	乳〜糊熟期	豊富な根圏が土を耕す。遊休地の土づくりに最適。除草剤で雑草対策も
000粒	4下〜6上	5下〜7下	4上〜6上	乳〜糊熟期	豊富な根圏が土を耕す。遊休地の土づくりに最適。夏播きの後作利用ができる
2〜3	−	−	5上〜8中 2〜11（沖縄）	3.0m（出穂期）	地力増進にはまず粗大有機物を
4〜5	5下〜7下	5中〜8上	5上〜8上	1.5〜2.0m（播種50〜60日前後）	ハウス、キュウリ、トマト、イチゴ露地野菜の有機物補給に
3〜4	6上〜7上	5中〜7中	5中〜7下	1.5〜2.0m（播種50〜60日前後）	耐湿性が抜群 長崎県での土壌流亡防止にお勧め
条播4 散播5	6中〜7中	5下〜7下	5上〜8中	1.5〜2.0m（播種50〜60日前後）	休耕地の地力対策 排水不良地や転換畑の水はけ対策に コムギ、ビール麦、野菜の間作
3〜5	4上〜5上 9上〜10中	3上〜4中 9中〜11上	2中〜3下 9下〜11下	適宜（播種60日後）草生では自然枯死	遊休地の雑草・地力対策。カキの草生栽培。水稲、ダイズの前作緑肥。寒太郎との混播利用でミツバチの蜜源として長期利用可

付録4 緑肥作物特性表(雪印種苗・府県①)

用途	品種名	作物名	草丈 (cm)	緑肥タイプ						センチュウ対策							緑肥の効果					
				休閑	後作	ハウス	間作	越冬	果樹草生	ネコブ・サツマイモ	ネコブ・ジャワ	ネコブ・キタ	ネコブ・アレナリア	ネグサレ・キタ	ネグサレ・ミナミ	ダイズシスト	粗大有機物	チッソ固定	塩類除去	土壌保全	透水性改善	防風・敷ワラ
寒地型線虫対抗作物	緑肥ヘイオーツ	エンバク野生種	100~120	◎			○	◎				◎		◎	○		○			◎	○	◎
	スナイパー(A-19)	エンバク	100~120		○					◎	◎									◎		
	たちいぶき	エンバク	100~120		○					◎	◎									◎		
	R-007	ライムギ	120~140	○				◎	◎			◎	○							◎	○	◎
	くれない	クリムソンクローバ	30~60	◎				◎								◎		◎		○		
	アフリカントール	マリーゴールド	50~60	◎	◎					◎	○	○	◎	○								
暖地型線虫対抗作物	つちたろう	ソルゴー	280~330	◎	◎	○				◎		◎					◎		◎	○		
	ねまへらそう	スーダングラス	280~300	◎	◎					○		○					◎		○	○		
	ソイルクリーン	ギニアグラス	200~250	◎	◎					◎	◎	◎	◎	◎			◎			○		
	ナツカゼ	ギニアグラス	220~240	◎	◎					◎	◎	◎	◎	◎			◎			○		
	ネマキング	クロタラリア	120~150	◎	◎					◎	◎	◎		◎	○		○			○		
	ネマックス	クロタラリア	120~150	◎	◎					◎	◎	◎		◎	○		○			○		
	ネマコロリ	クロタラリア	120~200	○	○	○				◎		○		○			○			○		
粗大有機物や根耕力で土づくり	わかば	トウモロコシ	200~250	◎								◎					◎		◎	○		
	王夏	トウモロコシ	200~250	◎								◎					◎		◎	○		
	堆肥ソルゴー	ソルゴー	300~400	◎								◎					◎		◎	○		
	グリーンソルゴー	ソルゴー	250~300	◎	◎	○						◎					◎		◎	○		
	青葉ミレット	ヒエ	200~250	◎								◎					○			○		
	田助	セスバニア	150~200	◎														◎			○	○
水田裏作	藤えもん	ヘアリーベッチ	30~50	◎	◎			◎	◎									◎		◎	○	

注)ねまへらそうとクロタラリアには、サツマイモネコブセンチュウには抵抗性を増やさないものがあるので注意する(37ページ表13参照)

播種量 (kg/10a)	播種期(月・旬) 東北・寒冷地	一般地	西南暖地	すき込み時期の草丈 (生育日数)	利用例
3〜5	4上〜5上 9上〜10中	3上〜4上 9上〜11上	2中〜3下 9上〜11下	適宜（播種60日後） 草生では自然枯死	寒・高冷地での遊休地の雑草・地力対策。水稲、ダイズの前作緑肥。カキの草生栽培
3〜5	4上〜5上 9上〜10中	3上〜4上 9上〜11上	2中〜3下 9上〜11下	適宜（播種60日後） 草生では自然枯死	遊休地の雑草・地力対策。カキの草生栽培。水稲、ダイズの前作緑肥 積雪地帯の越冬利用には不適
3〜4	8中〜9上	9上〜10中	9上〜10下	田植え3週間前	水田の裏作緑肥、景観美化
4〜5	9上〜10中	9上〜10下	10上〜11中 2下〜3中	出穂前後 0.7〜1.0 m	水田の裏作緑肥
6〜8	3下〜5上 9上〜10中	3上〜4中 9上〜12上	1下〜4上 10上〜12下	出穂前後 0.5〜1.2 m	高原野菜や果樹類の敷きワラに 果樹園の草生栽培
作5〜8 き込8〜10	4上〜6上 8中〜9上	3上〜5下 8下〜9中 10中〜11上	2下〜5上 8下〜9下 10下〜11下	出穂前後 0.5〜1.2 m	コンニャク、 高原野菜の防風・敷きワラに
播1〜2 播4〜5	5下〜7下	5中〜8上	5上〜8下	1.0〜1.5 m （播種50〜60日前後）	ドリフトガードクロップ、防風作物に
生1.0 ート1.5	5〜6 8下〜9上 （年内利用）	3〜4 10中〜11中	2〜3 10下〜11中	春まき0.5〜1 m 秋まき抽苔1.5〜2 m	辛味成分がホウレンソウ萎凋病、トマト青枯病を抑制。4 t以上のすき込みにはとくに殺菌効果がある。近くにアブラナ科野菜がある場合は緑肥ヘイオーツをお使いください
2〜3	4上〜5中	3上〜4下 10下〜11中	2下〜3中 11下〜12上	開花期	景観美化（紫色）、土壌流亡防止 長ネギの前作緑肥
2〜3	4上〜5上 9上〜10上	3上〜4上 9中〜10中	2下〜3下 9下〜10下	開花期	景観美化（深紅）、ダイズシストセンチュウ対策に
2〜3	4上〜5中	3上〜3下 11上〜11下	2下〜3下 11中〜12上	開花期	景観美化（黄色）、コムギの前作や水稲の裏作に
播1〜1.5 1.5〜2	5下〜6下	5中〜7上	4中〜8上	開花期	景観美化、コムギやタマネギの緑肥に
2〜3	9上〜9下	9上〜10中	9下〜1中	自然枯死	草生栽培　刈り取り管理不用で省力化
3〜5	4上〜5上 9上〜10中	3上〜4上 9中〜11上	2中〜3下 9上〜11下	適宜（播種60日後） 草生では自然枯死	遊休地の雑草・地力対策。カキの草生栽培地。水稲、ダイズの前作緑肥 寒太郎との混播利用でミツバチの蜜源として長期利用可
3〜5	4上〜5上 9上〜10中	3上〜4上 9中〜11上	2中〜3下 9上〜11下	適宜（播種60日後） 草生では自然枯死	寒・高冷地での遊休地の雑草・地力対策。水稲、ダイズの前作緑肥
3〜5	4上〜5上 9上〜10中	3上〜4上 9中〜11上	2中〜3下 9上〜11下	適宜（播種60日後） 草生では自然枯死	遊休地の雑草・地力対策。カキの草生栽培。水稲、ダイズの前作緑肥
10〜15	5中〜6下	5上〜6上	3下〜5中	適宜（播種60日後） 草生では自然枯死	5月に播くと出穂がなく、草生栽培に最適
3〜4	4中〜4下 9中〜10中	3中〜4中 9上〜10下	2下〜4上 9上〜11上	0.4〜0.5mで 刈り払い	ナシなどの果樹園の草生栽培
3〜5	4上〜4下 9中〜10上	3中〜4中 9上〜10下	3上〜3下 9上〜11中	穂孕み〜出穂始	果樹園の草生栽培
5〜10	4上〜5下 8下〜9下	3中〜4中 9下〜10中	2下〜4上 10上〜11上	出穂期で刈り払い	リンゴなどの果樹園の草生栽培
3〜5	4上〜5下 8下〜9下	3中〜4中 9下〜10上	—	出穂期で刈り払い	リンゴなどの果樹園の草生栽培
5〜10	6上〜7中	5下〜8上	5下〜8下	刈り払い	草生栽培、法面緑化に最適
2〜3	—	5下〜7下	5上〜7下	0.4〜0.5mで 刈り払い	ミカンなどの果樹園の草生栽培
2〜3	4中〜5下 8下〜9下	3中〜4中 9中〜10中	2下〜4上 10上〜11下	適宜刈り払い	果樹園の草生栽培
5〜10	5下〜6下	5上〜7中	4中〜7中	永年使用	果樹園の難作業場所 ヒルガオ科の新作物

付録 4 緑肥作物特性表（雪印種苗・府県②）

用途	品種名	作物名	草丈(cm)	緑肥タイプ						センチュウ対策							緑肥の効果					
				休閑	後作	ハウス	間作	越冬	果樹草生	ネコブ				ネグサレ		ダイズシスト	粗大有機物	チッソ固定	塩類除去	土壌改善	透水性改善	防風・敷ワラ
										サツマイモ	ジャワ	キタ	アレナリア	キタ	ミナミ							
水田裏作	寒太郎	ヘアリーベッチ	30～50	◎	◎			◎	◎									◎		◎	○	
	まめ助	ヘアリーベッチ	30～50		○			○	○									◎		◎		
	レンゲ	レンゲ	30～50					◎										◎		◎		
	ハナミワセ	イタリアンライグラス	100～120					◎				◎								◎	◎	
敷きワラ・防風作物	緑春	ライムギ	120～140	○			◎	○												◎		◎
	とちゆたか	エンバク	100～130	◎			◎	◎				◎								◎		◎
	三尺ソルゴー	ソルゴー	100～150	◎								◎					○			◎	○	◎
薫蒸作物	辛神	チャガラシ	100～160	◎	◎			◎		病害抑制										◎		
景観緑肥	アンジェリア	ハゼリソウ	60～80	◎				◎												◎		
	くれない	クリムソンクローバ	30～60					◎										◎	○			
	キカラシ	シロガラシ	80～120	◎				◎												◎	◎	
	サンマリノ	ヒマワリ	140～160	◎																○		
一年生栽培	雪印系ナギナタガヤ	ナギナタガヤ	40～70						◎											◎		
	藤えもん	ヘアリーベッチ	30～50		◎			◎	◎									◎		◎		
	寒太郎	ヘアリーベッチ	30～50	◎	◎			◎	◎									◎		◎		
	まめ助	ヘアリーベッチ	30～50		◎			◎	◎									◎		◎		
	R-007	ライムギ	120～140	○									◎	○						◎		◎
	マンモスB	イタリアンライグラス	100～150				◎	◎				◎								○	○	○
	フルーツグラスAR-1	アニュアルライグラス	80～90					◎												○	○	
多年生栽培	ボンサイ3000	トールフェスク	40～60						◎											○	○	
	アワード	ケンタッキーブルーグラス	50						◎											○		
	サマーグラス	センチピードグラス	20～30						◎			◎								○		
	バヒアグラス	バフアグラス	30～70						◎											◎		
	リベンデル	シロクローバ	10～20						◎									○				
	ダイカンドラ	ダイカンドラ	10						◎											○		

注）ねまへらそうとクロタラリアには、サツマイモネコブセンチュウには抵抗性を増やさないものがあるので注意する（37ページ表13参照）

施肥量 (kg/10a)			施肥の目安		炭素率	播種期 (月・旬)	すき込み期 (月・旬)	特性
N	P	K	N	K				
5	5	0~5	0~4	0~4	15~30	4下~6中、7下~8中、8下~9上 (ベッド跡)	7上~8中、10中~下、10下	初期生育旺盛、細茎・多葉で極多収。キタネグサレセンチュウ対抗作物 線虫対策は15kg/10a、9月播きは20kg/10a
:5~8	5~10	0~7	2~5	0~6	15~25	4下~6中	6下~7下	生育旺盛で多収。テンサイの前作に最適(収量性を改善)
:5~8	5~10	0~7	4~6	0~6	12~20	7下~8下	10	鮮やかな黄色い花はキカラシロードとして有名に
:8~10	5~10	0~7	1~3	0~6	15~20	露地:5 ハウス:2~4	露地:6下~7上 ハウス:4~6	辛味の成分がテンサイ根腐病、ホウレンソウ萎凋病の発病を軽減する 着蕾~開花始の茎葉部の多い時期にできるだけ細断してすき込む
:8~10	5~10	0~7	2~4	0~6	12~20	8月(ハウスも)	9下~10	ハウス跡地では無施肥も可能。播種は8月上旬までに。夏播きの利用は早生多収のミックスを
~5	5	0~5	3~5	0~2	10~15	5上~6中 7下~8中	7中~8中 10中・下	コムギや早出し作物後に播種できるマメ科緑肥。アズキ粒大の根粒菌が空中チッソを固定。菌根菌も増殖
:4~8	6~8	0~6	2~4	0~6		5上~6中	7中~8中 10中・下	直立性エンバク「とちゆたか」とベッチ類「まめ助」との混播セット。8月下旬播種でも生育が旺盛なマメ科緑肥
:3~6	6~8	0~6	2~4	0~5	15~25	7下~8下	10中・下	
~10	6~10	0~6	2~4	0~4	20~30	露地:6~7 ハウス:5~8	露地:8~9 ハウス:播種2ヵ月後	露地の6月播種でキタネグサレセンチュウを減らす対抗作物。秋播きコムギの休閑緑肥に最適。極晩生で、極多収。ドリフト対策の障壁作物としても利用可能
:8~10	8~12	0~10	0	0~8	30~45	露地:6~7 ハウス:5~8	露地:8~9 ハウス:播種2ヵ月後	低温伸長性に優れ、初期生育が良好で、スタンド形成が良好。ハウスのクリーニングクロップにも最適(無施肥)。ドリフト対策の障壁作物として利用可能
:3~8	3~8	0~5	2~4	0~5	5~20	4下~6中 7下~8上	7~8 10	ダイズシストセンチュウ対抗作物。根粒菌により空中チッソを固定し、地力を増強。春播きで、深紅の花が景観美化に最適
:~4	8~12	0~5	2~4	0~5				
5	5	0~5	0~4	0~4	15~25	5~6	開花後	春播きで生育旺盛、被覆が早く雑草対策となる。綺麗な紫色の花が咲き、蜂花植物としても最適 花は8月まで楽しめる。ネギの休閑緑肥として好評
:~6	5~10	0~6	0~4	0~4	15~30	4下~6中 7下~8中	播種60日後 出穂を目安	耐病、耐倒伏性の直立性エンバク。園芸作物や早春の防風作物に最適 カボチャの間作やタネバレイショの隔離作物として好評。ドリフト対策の障壁作物としても利用可能
:~6	5~10	0~6	2~3	0~5	15~20	8下~9上(年内) 9中・下(越冬)	年内あるいは翌年5下~6上(出穂を目安)	越冬可能なキタネグサレセンチュウ対抗作物。タマネギの後作緑肥に最適(保水力の増加や土を軟らかくする)。越冬させて早春の土壌侵食防止に最適。ドリフト対策の障壁作物として利用
~4	8~12	0~5	5~6	0~4	11~15	5~6	9~10	古くからの土づくり作物で、根粒菌により空中チッソを固定し、地力を増強
~2	0~5		2~4	0	10~13	3下~4上(できるだけ早く)	9~10	ダイズシストセンチュウ対抗作物 コムギ間作は適度に土壌水分があるうちに播種する
~6	5~10	0~5	0~4	0~4	15~30	7下~8中	10中・下	低価格の早生エンバク(春播きは不適)
~12	12~16	0~12	0	0~10	30~35	5~6	9~10	遊休地の地力対策に最適。除草剤による簡単な管理で、遊休地の地力対策に粗大有機物を確保

付録5 緑肥作物特性表（雪印種苗・北海道）

品種名	作物名	播種量(kg/10a)	センチュウ抑制				緑肥の効果								最適な後作					利用				
			キタネグサレ	キタネコブ	ダイズシスト	サツマイモネコブ	有機物の補給	空気中チソの固定	菌根菌の増殖	透水性の改善	塩類除去	土壌保全	防風・隔離作物	景観美化	ビート	ジャガイモ	豆類	コムギ	園芸作物	休閑	短期休閑	後作	間作	越冬
ヘイオーツ	エンバク野生種	10～15	◎	◎			◎	◎	◎	◎				○	そうか病 ◎	落葉病 ◎		○	○	年2作 ○	○			
キカラシ	シロガラシ	2～3						◎			◎	○		○				○			○	○		
辛神 注4	チャガラシ	1～1.5kg	○	○						○				○	根腐病 ◎	黒アザ病 ○		立枯病 ○	ホウレンソウ萎凋病 ○		○	○		病害対策
まめ助	ベッチ類	5					◎	◎	○	○								○	収量不足		○	○		
まめゆたか	まめ助：5kg とちゆたか：3kg 混播セット	8					◎	◎	○	○											○	○		
ねまへらそう 注3	スーダングラス	5～8	○	◎			◎		○	○		○				○			○		○	○		
つちたろう	ソルゴー	5					◎		○	○			○								○	○		
くれない	クリムソンクローバ	2～3			◎		◎	◎	○					○	○	○		○		○	◎			
アンジェリア	ハゼリソウ	2～3												◎					長ネギ ◎		◎			
とちゆたか	エンバク	後作・休閑：10～15 間作：5～8		○			◎	○	○	◎											○	○		
R-007	ライムギ	15	○	○			◎			○									タマネギ ◎		○	◎		○
はるかぜ	アカクローバ	休閑：2～3 / コムギ間作：3～4			○		◎	◎	○	○					○	○	○	○		○		○	○	
緑肥用エンバク	エンバク	15～20	○	○			◎			○											○	○		
緑肥用トウモロコシ	トウモロコシ	2～3					◎		○										○		○			

注1）◎：より適する、○：適する。
注2）最適な後作物の無印は普通とする。
注3）表中の病害名は病害の軽減や抑制効果を認めるもの。

播種量 (kg/10a)	施肥量			後作減肥の目安		後作物として作付けする畑作物の種類							前作	線虫密度低減効果		
	N	P	K	N	K	テンサイ	バレイショ	ダイズ	アズキ	菜豆	トウモロコシ	ネギ類	秋小麦	キタネグサレ	キタネコブ	ダイズシスト
5~20	4~6	5~10	0~5	0~4	0~4	×	×	○	—	×	○	○	×	×	◎	—
0~15	5	5	0~5	0~4	0~4	○	○	◎	○	◎	○	○	○	◎	○	○
2.0	5~8	5~10	0~7	後作:4~6 / 休閑:2~5	後作:0~6 / 休閑:0~6	○ △そうか病を助長する	×	—	○	×	×	○	×	×	—	
2~3	5	5	0~5	0~4	0~4	—	—	—	—	—	—	○		×		
~1.5				後作:2~4	後作:0~8											
0.5	4~8	8~10	0~10	休閑:0	休閑:0~8	○	○	—	○	○	◎	◎	○	×	×	—
5~2						ひまわりに菌核病が発生した場合は、避ける										
5.0	2~5	5	0~5	3~5	0~4	◎	○	×	×	×	○		○	×	×	◎
休閑 2~3 / ギ間作 2~3 / 間作 3~4	休閑:2~4 / 間作:0~2	休閑:8~12 / 間作:0~5	休閑:0~5 / 間作:0	休閑:5~6 / 間作:2~4	休閑:0~4 / 間作:0	○	○	○	○	○				×	×	◎
5.0	露地:8~10 / ハウス:3~8	露地:8~12 / ハウス:3~8	露地:0~10 / ハウス:0~8	露地:0 / ハウス:0~4	露地:0~8 / ハウス:0~6	—	—	○	○	—	—	○		×	◎	
2~3	8~12	2~16	0~12	0	0~10	—	—	○	○	—	—	○		×	◎	
15	4~6	4~10	0~6	2~3	0~5	—	—	○	○	—		×	×	◎		
1.5																

付録 6 緑肥作物特性表（ホクレン）

種類	品種名	特性	おもな用途	栽培方法	
				播種期	すき込み期
エンバク	スワン	極早生種。短桿で倒伏に強い 牧草と同伴栽培が可能	夏播き緑肥 (春播き緑肥)	8上～下 (5～6)	10中～下 (7中～下)
エンバク野生種	サイアー	晩生種。キタネグサレセンチュウ対抗作物 春播栽培も有効	夏播き緑肥	8上～下	10中～下
	プラテックス	中生種。キタネグサレセンチュウ対抗作物 夏播専用	夏播き緑肥	8上～下	10中～下
シロガラシ	夏カラシ	極早生種。夏播きで開花し、もっとも多収	夏播き緑肥	8上～9上 道央・道南： 8下～9上	10上～下
	春カラシ	晩生種。春播きでもっとも多収 道央南では夏播きも可能	春播き緑肥	5上～下	7上～下
			夏播き緑肥 (道央・道南のみ)	7下～8上	9下～10上
ハゼリソウ	えぞ紫	紫色の花が美しい景観緑肥	春播き緑肥	5～6	7上～下 (開花後10～20)
ひまわり	夏りん蔵	夏播きで8月中旬までに播種すれば開花する。短桿極早生種。ヘアリーベッチとの混播に最適	夏播き緑肥	8上～中	10上～下
	春りん蔵	春播き専用の多収品種。秋播きコムギの前作で播種しても開花を楽しむことができる	春播き緑肥	5上～下	7上～下
	花りん蔵	「夏りん蔵」とr春りん蔵」の中間の熟期 短桿で揃った結麗な花を咲かせる	春播き緑肥	5上～下	7上～下
			夏播き緑肥 (道央・南のみ)	8上	10上～中
ヘアリーベッチ	まめ屋	夏播き可能なマメ科緑肥 秋播きコムギ収穫後の栽培が可能	夏播き緑肥 (春播き緑肥)	8上～中 (5上～下)	10下 (7上～下)
アカクローバ	緑肥用	ムギ類の間作緑肥に最適。C/N比が低く麦稈の分解を促進 ダイズシストセンチュウを抑制	休閑緑肥	5～6	10月下旬まで
			間作緑肥	春播きコムギ： 第1回中耕時、 秋播きコムギ： 融雪直後	10月下旬まで
ソルゴー	カウパウ	初期生育・耐倒伏性に優れる。休閑緑肥に最適。 ハウスのクリーニングクロップとして (クリーニングクロップの場合無施肥)	休閑緑肥	露地：6～7	8～9
				ハウス：5～8	播種2カ月後
とうもろこし	緑肥用	通常トウモロコシの栽培に準ずる 7000～8000本/10a	休閑緑肥	5上～下	8下～10上
ライムギ	ふゆ緑	耐凍性が抜群に強く・越冬後の生育が早い 土壌浸食、養分流亡を防止	秋播き緑肥	9月中旬まで	翌春5月頃
ミックスフラワー	花便り	観光資源や農村の景観保持に最適	景観保持	5～6	利用年限2～3年

注1）線虫抑制効果は販売先のカタログ情報による。レースについては不明。
注2）ヒマワリはバーティシリウム病寄生作物のため翌年圃場では栽培を避ける
注3）緑肥抑制効果と適性は、◎：抑制大（最適）、○：抑制（適）、△：条件つき、×：不適、－：不明。

酸性	播種期		利用									
	中間地・暖地 (月)	冷涼地 (月)	緑肥	景観	ネコブセンチュウ			ネグサレセンチュウ		シストセンチュウ	キスジノミハムシ	生物燻蒸
					サツマイモ	ジャワ	キタ	アレナリア	キタ	ミナミ	ダイズ		
◎	3〜11 (7〜8除く)	5〜8上	◎				○		○			○	
◎	8中〜11、3〜5	5〜9上	◎				○		○				
◎	8中〜11、3〜5	5〜9上	◎										
	5〜8	5〜8上	◎	◎									
	4〜7	4〜7上	◎	◎	○	○	○	○	○	○			
	4〜8	4〜7上	◎			○	○	○		○			
○	5〜8	−	◎	△	○	○			○		◎		
○	5〜8	−	◎	△		○			○				
○	9中〜11上、3〜4中	9中〜10下 5下〜6下	◎	◎									
○	9中〜11上、3〜4中	8中〜9上、5下〜6下	◎	◎									
○	9上〜11上、3上〜4中	9上〜10上、4上〜5中	◎	◎									
	10下〜11、3	7下〜8中、4〜6	◎	◎									○
	10中〜下、2〜3	8中〜9中、5〜6	◎	◎									○
○	9下〜11中、3〜4中	4中〜6	◎	◎							◎		
○	9〜10	−	◎	◎									
○	9下〜11中	−	◎	◎									
○	9〜10、3〜6	4〜9	◎	◎									◎
○	8中〜9中	6〜8中	◎	◎									
	4中〜7	5〜6											

付録7 緑肥作物特性表（タキイ種苗）

種類	品種名	特性	播種量 (kg/10a)	生育特性				環境適	
				生育年限	初期生育	再生力	耐倒伏性	乾燥	湿
エンバク	ネグサレタイジ	キタネグサレセンチュウ、キスジノミハムシの密度を抑制	8～10	越	◎	○	△	○	○
ライムギ	ライ太郎	低温条件下でも発芽・生育できる	8～10	越	◎	○	△	○	○
	晩生ライムギ	越冬性に優れるライムギ 新発売	8～10	越	◎	○	△	○	○
ひまわり	キッズスマイル	迷路、景観、緑肥に用途多彩	1～2	1	◎		◎	◎	○
マリーゴールド	グランドコントロール	景観およびセンチュウ対策に	0.5	1	○		○	○	△
	エバーグリーン	花が咲かないマリーゴールド	0.5	1	△		○	○	○
クロタラリア	ネコブキラーI	ネコブセンチュウの密度抑制	5～8	1	△		○	◎	○
	ネコブキラーII	矮性ですき込みやすい 多種類の線虫を抑制	6～10	1	○		◎	○	○
ナギナタガヤ	ナギナタガヤ (日本在来)	日本の植生に適した在来種	2～3	1	△		○	○	○
ベッチ	ヘアリーベッチ	果樹園・転換畑の雑草抑制に	6～8	越	○		○	○	○
	ウインターベッチ	積雪地帯にお勧めの緑肥	3～5	越	○		○	○	○
緑肥用からしな	黄金のちから	生育が早く、景観用にもよい。生物薫蒸作物として着目	2～3	越	○		○	○	○
緑肥用チャガラシ	いぶし菜	辛味成分で土壌を殺菌、清潔に	1～1.5	越	○		○	○	○
クリムソンクローバ	クリムソンクローバ	ダイズシストセンチュウ対策に	2～3	1	○		△	○	○
青刈なたね	レーブ	転換畑の景観用に	0.4～0.6	越	○		○	◎	◎
れんげ	れんげ	地力増進に、転作に景観に	3～4	越	△		○	△	○
緑肥用大根	コブ減り大根	おとり効果で根こぶ病を減らす	3	越	◎		○	○	○
景観用そば	高嶺ルビーNeo	赤色になりやすく、新登場	3	1	◎		○	○	○
センチピードグラス	ティフ・ブレア	雑草抑制芝草、グランドカバーに、牧草としても着目	5～10 (牧草)	越					

注1）線虫抑制効果は販売先のカタログ情報による。レースについては不明。
注2）◎：最適（最強）、○：適（強）、：△：やや適（やや強）、空欄：不適（弱）
　　アフリカントールの線虫抑制効果は他のマリーゴールドに準じた。

緑肥作物特性表（カネコ種苗） 8 付録

品種	作物	特性	播種量(kg/10a)	地域	播種期
スダックス緑肥用	ソルゴー	ソルゴーの代名詞、全国各地で利用、サツマイモネコブセンチュウを抑制	4～5	寒地	5～7月
				中間地	5～8月
				暖地	4～8月
元気ソルゴー	ソルゴー	初期生育良好で、ハウス、露地兼用品種、細茎ですき込みやすい	4～5	寒地	5～7月
				中間地	5～8月
				暖地	4～8月
おおきいソルゴー	ソルゴー	草丈は260～300cm 障壁栽培で減農薬、省力化 防風作物に威力を発揮	1	寒地	5～7月
				中間地	5～8月
				暖地	4～8月
ソイルセイバー	エンバク	根量が多く、キタネグサレセンチュウ抑制効果、塩類除去効果がアップしている	10	寒地	5～7月
				中間地	4～7月
				暖地	4～7月
ニューオーツ	エンバク	根菜類に多発するキスジノミハムシを忌避、キタネグサレセンチュウを強力に抑制	10	寒地	4～9月
				中間地	3～5月、8～11月
				暖地	2～5月、8～12月
クロタラリア	クロタラリア	サツマイモネコブセンチュウを抑制。ハウス、果菜類、球根輪作緑肥に最適	5～6	寒地	―
				中間地	5～7月
				暖地	4～8月
ネマクリーン	クロタラリア	多種類の有害線虫（各種ネコブ、ネグサレ、イシュク）を抑制	5～6	寒地	―
				中間地	6～7月
				暖地	5～7月
セスバニア・ロストラータ	セスバニア	耐湿性が強く、水田転換畑や造成農地、重粘土質土壌の土壌改良に推奨	4～5	寒地	―
				中間地	6～7月
				暖地	6～7月
エビスグサ	マメ科	レタス、ダイコンに多発するキタネグサレセンチュウを撃退、導入後は上質生産に	3～4	寒地	―
				中間地	6～7月
				暖地	6～7月
セントール	マリーゴールド	草丈：40～60cm	0.4	関東	4～6月
アフリカントール		草丈：70～100cm			
ハイブリッドサンフラワー	ヒマワリ	草丈：140から170cm。バイオマスとして各地で注目	2～3	関東	5～8月
てまいらず	ムギ類	初期生育が早く、土壌被覆が良好で、雑草抑制力に優れ、害虫抑制にも有効	3～10	寒地	5～7月
マルチムギ		枯れは遅いが、表土被覆期間が長いので、傾斜畑の土壌流亡防止に有効		暖地・中間地	4～6月
百万石		葉幅が広く開張性、枯れが早く、早期敷料化に最適		天敵温存用	11～2月（ハウス）
まめっこ	ヘアリーベッチ	早生、アレロパシーで雑草を抑制、耕作放棄地に活用	3～4	秋播き	9～11月
				春播き	3～5月

208

引用文献

Q1：岡部達雄ら (1978)　青刈作物の導入による火山灰土畑における露地野菜栽培の安定化．千葉県農試研報．19．43-66

Q3：安達克樹 (2008) 九州における緑肥作物を活用した持続型農業への取り組み．牧草と園芸．56-6．5-9

Q4：佐藤　孝ら (2007)　ヘアリーベッチ植栽による土壌改良とダイズ作への効果．農業技術体系（追録第19号）．5-1．畑 188-14-19

Q4，5：山田寧直ら (2007)　諫早湾干拓干陸初期における緑肥作物並びに堆肥による早期土壌改良．長崎県農林試験場．33．27-63

Q7：北海道農政部（2004）北海道緑肥作物等栽培利用技術指針（改訂版）

Q8：愛知県農林水産部（2006）たい肥と緑肥の利用推進．HP

Q8：唐澤敏彦（2007）前作物がトウモロコシの生育およびVA菌根菌感染率に及ぼす影響．橋爪　健．緑肥を使いこなす．131（農文協）

Q8：唐澤敏彦（2014）緑肥の導入などによる有用微生物の増殖とリン酸施肥の削減．牧草と園芸．62-3．1～5

Q9：北海道農務部（2004）緑肥すき込みによる後作へのカリ減肥対応．北海道緑肥作物等栽培利用指針（改訂版）平成16年3月

Q9：橋爪　健ら（2010）．各種目的で導入した緑肥後の作物に対するリン酸減肥可能量の推定　外来植物と緑肥作物等からのリン減肥作物の開発（秋播き）23203　委託プロ成績

Q10：日高　伸（1998）ヘイオーツ導入による露地野菜畑の環境保全型農業．牧草と園芸．46．1-5．

Q11：三枝敏郎（1993）センチュウ（おもしろ生態とかしこい防ぎ方）．農文協

Q11：Sasser and Freckman（1986）線虫の被害

Q12：北海道農政部（1991）線虫類による野菜（根菜類）の被害と防除対策．普及奨励ならびに指導参考事項．平成3年．61-69

Q12：北海道植物防疫協会（1986）．北海道病害防除提要

Q13：九州沖縄農研センター（2013）有害線虫総合防除マニュアル

Q14：北海道農政部（2002）対抗作物を組み入れた根菜類のキタネグサレセンチュウ被害軽減対策．普及奨励ならびに指導参考事項．平成15年．139-139

Q14：北野のぞみら（2003）ヘイオーツのキタネグサレセンチュウ密度低減効果．東北農業研究．57．221-222

Q14：広島県農技センター（1996）ヘイオーツによる夏ダイコンのキタネグサレセンチュウの防除．平成8年度試験成績

Q15：山田英一ら（2009）北海道におけるライムギ類の栽培がキタネグサレセンチュウ Pratylenchus penetrans に及ぼす影響．日本線虫学会誌．39-1．31-43

Q17：水久保孝之ら（2004）サツマイモネコブセンチュウ防除に及ぼす市販線虫対抗植物の持続的効果並びに対抗植物と線虫天敵 Pasteuria penetrans との組み合わせ効果の検討．中央農研報．4．1-16

Q18：桂　真昭和ら（2011）サツマイモネコブセンチュウの増殖を抑制するエンバク極早生系統「A19」．農研機構成果情報 HP

Q19：相場　聡ら（2002）対抗作物の栽培によるダイズシストセンチュウ卵寄生率上昇．農研機構成果情報 HP

Q19：山田英一ら（2003）マメ科緑肥作物のダイズシストセンチュウ密度低減効果及びキタネグサレセンチュウに及ぼす影響．日本線虫学会誌．33-1．1-13

Q20：鹿児島県農業開発総合センター大隅支場（1996）緑肥作物によるサトイモのミナミネグサレセンチュウ抑制効果．大隅支場春夏野菜成績書

Q22：九州沖縄農研（2006）エンバク「たちいぶき」の夏播き栽培は後作サツマイモの線虫害を抑制する．農研機構成果情報 HP

Q23：中野智彦ら（2006）特許公開2006-83097．害虫忌避剤及び害虫の被害を低減する栽培方法．エンバク前作とマルチ栽培によるダイコンのキスジノミハムシの防除．奈良県農業技術センター・高原農業振興センター成績 HP

Q25：雪印種苗株式会社ら（2011）薫蒸作物：チャガラシ新系統（Y-010）の特性と栽培方法．実用化事業マニュアル 18039

Q,27：北海道農政部（2004）ジャガイモそうか病の総合防除．普及奨励ならびに指導参考事項．　線虫類による野菜（根菜類）の被害と防除対策．平成16年．170-172

Q28：太田愛子（2009）アブラナ科緑肥作物チャガラシ利用によるジャガイモそうか病および黒あざ病の防除に関する研究．平成22年度北海道大学大学院修士論文発表会要旨．

Q29：酒井　宏ら（2004）エンバク野生種によるバーティシウム萎凋病抑制効果　土壌伝染病談話会レポート．22

Q29：片山ら（2005）緑肥ヘイオーツによるバーティシリウム黒点病の抑制効果（未発表）

Q30：岩手県農業研究センター・県北農業研究所（2001）前後作にエンバク（ヘイオーツ）を導入したキャベツ・ダイコンの畑輪作技術の現地実証．平成13年度試験研究成果

Q30：岩手県農業研究センター・県北農業研究所（2001）アブラナ科根こぶ病に対するおとり作物としてのエンバク（ヘイオーツ）の利用．農研機構成果情報 HP

Q31：日時梨佳ら（2005）カラシナ鋤込みによるホウレンソウ萎凋病軽減効果　東北農業研究．58．183-184

Q31：安人央ら（2012）エンバク野生種、アブラナ科植物を用いた還元土壌消毒によるホウレンソウ萎凋病の防除効果　奈良農総セ研報．43．11-16

Q31：前川和正ら（2011）カラシナ鋤込み時の土壌水分がホウレンソウ萎凋病の防除効果に及ぼす影響．関西病虫研報　短報．53．79-81

Q32：前田征之（2011）チャガラシの土壌すき込みによるトマト青枯病の防除．新潟県農林水産研究成果集．平成23年度
Q34：橋爪 健ら（2011）薫蒸作物：チャガラシ新系統（Y-010）の特性と栽培方法．実用化事業マニュアル
Q36：近中四農研（2005）アブラムシ対策としての「バンカー法」農研機構技術マニュアル（技術者用）．農研機構
Q37：酒井 宏ら（2006）緑肥作物の圃場周縁部植栽による農薬飛散（ドリフト）防止効果．関東東山病害虫研究会報 第53集．157-161
Q38：神奈川県農総研（1999）果樹草生栽培における省力的草種の検討（ヘアリーベッチ、ナギナタガヤ）．神奈川県 HP
Q39：長崎県農林技術開発センター（2013）二期作バレイショに適した緑肥（カバークロップ）栽培マニュアル．
Q40：嶋田典司ら（1979）施設栽培土壌の塩類集積対策としてのイネ科飼料作物の利用 第2報 イネ科飼料作物による塩類の吸収及び収穫物の土壌中での分解．Technical Bultin Faculty Horticulture Chiba University. 26. 15-21
Q40：近藤圭介ら（2009）クリーニングクロップによるハウス土壌集積窒素の除去に関する基礎的検討．環境工学研究論文集．46．313～319
Q49：北海道農政部（2003）対抗作物を組み入れた根菜類のキタネグサレセンチュウの被害軽減対策．普及奨励ならびに指導参考事項．平成15年．135-139
Q49：水越 享（2002）畑作地帯における線虫被害の実態と対抗植物の利用技術．普及奨事項概要書．平成14年．163
Q57：山本章吾ら（1998）干拓地土壌のセスバニアによる改良．圃場と土壌．30-35.
Q58：鄭 紹輝（2006）ヘアリーベッチのアレロパシーによる雑草抑制効果．Coastal Bioenvironment. 7. 9-14
Q58：藤井義晴（2007）緑肥を使いこなす（橋爪 健）．P 71. 農文協
Q59：近中四農研（2005）ヘアリーベッチリビングマルチを用いた低投入型ジャガイモ栽培．農研機構成果情報 HP
Q59：熊本県農業研究センター（1998）マメ科牧草ヘアリーベッチをマルチとして利用した夏秋雨よけトマト栽培．熊本県農政部．分類コード：02-04. No. 385
Q60：増田俊雄（2009）リビングマルチによるキャベツ病害虫の密度抑制効果．宮城県農業・園芸総合研究所．参考資料．89-90
Q60：渡邊 健ら（2004）輪作およびヘアリーベッチのライブマルチを利用したカボチャ立枯病の耕種的防除 関東山病害虫研究会報．51．49-53
Q61：金森伸彦ら（2008）水稲乾田不耕起直播栽培における緑肥作物の効果．熊本県農研センター研報．15．140-148
Q62：近中四国農研（2001）ヘアリーベッチすき込みによる水稲の環境保全型栽培法．農研機構成果情報 HP

Q63：石川県農業総合センター（2012）ヘアリーベッチ栽培跡の水稲の生育と収量．石川県農林水産研究成果集報．14. 27
Q64：佐藤 徹ら（2010）新潟県における緑肥作物「ヘアリーベッチ」鋤込みが水稲の生育と収量に及ぼす影響．北陸作物学会報．45．46-49
Q65：橋爪 健ら（2014）23203 各種目的で導入した緑肥後の作物に対するリン酸減肥可能量の推定 裏作ベッチ導入による水稲の後作エダマメのリン酸減肥量の推定．委託プロ成績
Q65：和田美由紀（2014）ヘアリーベッチが農地にもたらしてくれるもの．牧草と園芸．62-3．6～10
Q68：兵庫県立農林水産技術総合センター（2008）菜の花緑肥による環境負荷低減効果と肥料代替効果．兵庫県立農林水産技術総合センターHP．平成20年度
Q68：近乗偉夫（2003）菜の花、米ヌカで食461身米栽培！現代農業．98-105
Q69：廣川智子（2008）中粗粒灰色低地土における土壌窒素肥沃度に対する田畑輪換の影響．2007年富山県総セ農研成績．HP
Q69：廣川智子（2011）中粗粒灰色低地土における田畑輪換圃場の土壌肥沃度の変化と緑肥、家畜ふん堆肥を施用した技術．年度富山県総セ農研報．2．11～26
Q69：廣川智子ら（2006）ヘアリーベッチ鋤込みによるちりめんじわ粒発生軽減効果．2006年度成績（高度化事業）．HP
Q70：橋爪 健ら（2011）23203 各種目的で導入した緑肥後の作物に対するリン酸減肥可能量の推定 裏作ベッチ導入による水稲の後作エダマメのリン酸減肥量の推定．委託プロ成績
Q71：橋爪 健ら（2012）各種目的で導入した緑肥後の作物に対するリン酸減肥可能量の推定 裏作ベッチ導入による水稲のリン酸減肥量の推定 23203 委託プロ成績
Q74：山田英一ら（2000）緑肥用ソルガム等イネ科作物のネコブセンチュウおよびサツマイモネコブセンチュウに対する密度低減効果．日本線虫学会．30-1/2．18～29
Q75：千吉良数史ら（2013）対抗植物及び品種「べにはるか」の導入によるサツマイモの線虫被害低減効果．千葉県農林総研研．5．75-83
Q78：上野秀人（2013）緑肥作物活用術．農耕と園芸．7. 12-19
コラム5：後藤逸男ら（1990）天然ゼオライトの農業利用＝ゼオライトの土壌改良効果＝．ゼオライト．7-3．8-15

全般：橋爪 健（2007）新版 緑肥を使いこなす 上手な選び方・使い方．農文協

あとがき

今回の執筆にあたり、多くの大学や試験場の方々の業績や図表を使わせて頂いたことを深く感謝します。また、そのままでは素人の方にわかりにくい図表もあり、修正させて頂きました。個別にお断りできなかった方もあり、ここに深くお礼を申し上げます。

これだけ多くの方がこの分野に関心をもたれ、興味ある成果がまとまっていることを改めて知り、驚いています。これからも農家の方々の現場に則し、皆様と一緒にさまざまな問題解決のお役に立てればと考えています。それがさらなる緑肥作物の開発と普及、農業の発展につながれば幸いです。

最後に本書の制作にあたり、当社の若い研究員、共同研究や委託研究に参画された多くの大学や試験場の先生方、さらにお世話になった農文協編集局をはじめ多くの方々に深くお礼を申し上げます。

著者略歴

橋爪　健（はしづめ　けん）
雪印種苗㈱東京本部技術顧問　農学博士

1950 年　千葉市に生まれる。
1973 年　帯広畜産大学草地学科卒業
1978 年　九州大学農学部畜産学専攻博士課程修了後、雪印種苗㈱旧札幌研究農場（現北海道研究農場）に勤務し、飼料用トウモロコシの育種と導入開発を担当
1987 年　研究開発本部旧中央研究農場　作物研究室主席研究員
1988 年　緑肥作物の導入と利用開発を兼務。以後、緑肥ヘイオーツ、キカラシ、まめ助、つちたろう、ねまへらそう、アンジェリア、くれない等の開発に当たる。
1999 ～ 2001 年　農林水産省実用開発事業の委託課題名：土壌病害・有害線虫の被害を軽減する有用緑肥作物の開発とその作用機作の解明を担当する。
2004　千葉研究農場に勤務、都府県の飼料作物と緑肥作物の研究開発に関わる。
2001 ～ 2005 年　九州沖縄農業研究センターとサツマイモネコブセンチュウ対抗エンバク：スナイパー（A 19）の開発に関わる。
2013 年　雪印種苗㈱を定年退職、以後同社技術顧問。

著書　『新版　緑肥を使いこなす　上手な選び方・使い方』（農文協）ほか
勤務先　〒 263-0001　千葉市美浜区新港 7-1　雪印種苗㈱東京本部

緑肥作物　とことん活用読本

　　　2014 年 8 月 10 日　第 1 刷発行
　　　2023 年 2 月 10 日　第 4 刷発行

　　　　　著者　橋爪　健

発行所　一般社団法人 農山漁村文化協会
郵便番号 335-0022　埼玉県戸田市上戸田 2-2-2
電話 048（233）9351（営業）　　　048（233）9355（編集）
FAX 048（299）2812　　　　　　　振替 00120-3-144478

ISBN 978-4-540-13187-5　　　　DTP 製作／條 克己
〈検印廃止〉　　　　　　　　　　印刷／（株）光陽メディア
ⓒ 橋爪 健　2014　　　　　　　　製本／根本製本（株）
Printed in Japan　　　　　　　　　定価はカバーに表示

乱丁・落丁本はお取り替えいたします